수학 상위권 진입을 위한 문장제 해결력 강화

문제 해결의 길잡이

원리

수학 4-1

Mirae N 에듀

4학년 1학기	4학년 2학기	5학년 1학기	5학년 2학기	6학년 1학기	6학년 2학기
만, 억, 조					
		약수와 배수 약분과 통분			
(세 자리 수)×(두 자리 수) (자연수)÷(두 자리 수)		자연수의 혼합 계산			
	분모가 같은 분수의 덧셈과 뺄셈	분모가 다른 분수의 덧셈과 뺄셈	분수의 곱셈	(분수)÷(자연수)	(분수)÷(분수)
	소수의 덧셈과 뺄셈		소수의 곱셈	(소수)÷(자연수)	(소수)÷(소수)
	이등변삼각형, 정삼각형 사다리꼴, 평행사변형, 마름모 다각형				
평면도형의 이동			합동과 대칭		
			직육면체	각기둥, 각뿔	공간과 입체 원기둥, 원뿔, 구
			수의 범위와 어림하기		
각도		다각형의 둘레와 넓이		직육면체의 부피와 겉넓이	원의 넓이
규칙 찾기(3)		규칙과 대응		비와 비율	비례식과 비례배분
막대그래프	꺾은선그래프			그림/띠/원그래프	
			평균과 가능성		

초등 수학 흐름도 & 문제 해결의 길잡이

	1학년 1학기	1학년 2학기	2학년 1학기	2학년 2학기	3학년 1학기	3학년 2학기
수	50까지의 수	100까지의 수	세 자리 수	네 자리 수		
수					분수와 소수	진분수, 가분수, 대분수
연산	한 자리 수의 덧셈과 뺄셈(1)	한 자리 수의 덧셈과 뺄셈(2)	두 자리 수의 덧셈과 뺄셈		세 자리 수의 덧셈과 뺄셈	
연산			곱셈	곱셈구구	(두 자리 수)×(한 자리 수)	(두 자리 수)×(두 자리 수)
연산					나눗셈	(자연수)÷(한 자리 수)
도형		□, △, ○ 모양	원, 삼/사/오/육각형		직각삼각형, 직/정사각형	원
도형	모양					
측정	비교하기		길이 (cm)	길이 (m)	길이 (mm, km)	들이 (L, mL) 무게 (g, kg, t)
측정		시계 보기		시간 (시, 분)	시간 (분, 초)	
규칙성		규칙 찾기(1)		규칙 찾기(2)		
자료와 가능성			분류하기	표와 그래프		자료의 정리

수학의 모든 문제는 8가지 해결 전략으로 통한다!

문제 해결의 길잡이에서 집중 연습하는 8가지 해결 전략

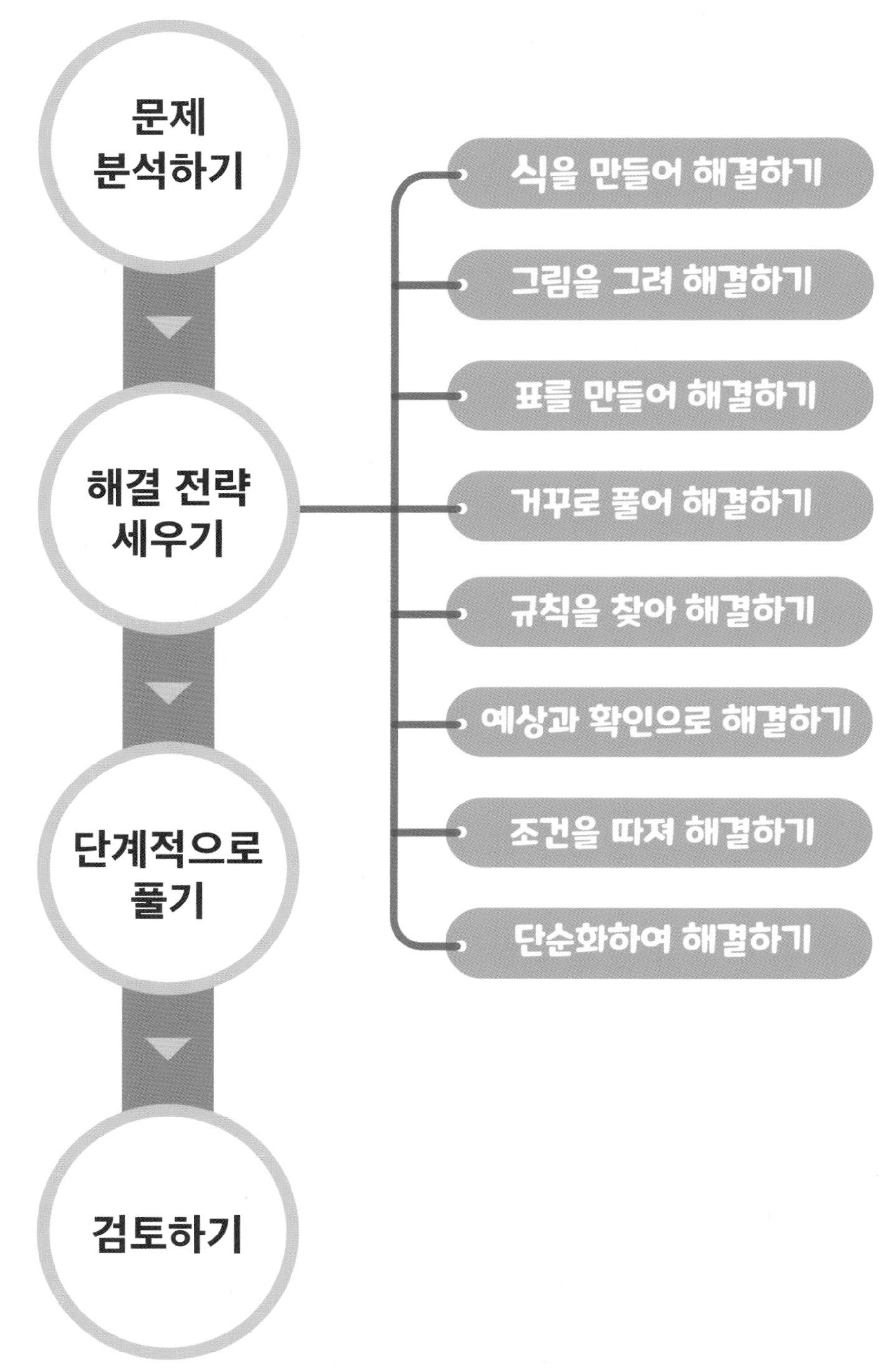

이 책의 **머리말**

'방방이'라고 불리는 트램펄린에서 뛰어 본 적 있나요?
처음에는 중심을 잡고 일어서는 것도 어렵지만
발끝에 힘을 주고 일어나 탄력에 몸을 맡기면
어느 순간 공중으로 높이 뛰어오를 수 있어요.

수학 공부도 마찬가지랍니다.
넘사벽이라고 느껴지던 어려운 문제도
해결 전략에 따라 집중해서 훈련하다 보면
어느 순간 스스로 전략을 세워 풀 수 있어요.

처음에는 서툴지만 누구나 트램펄린을 즐기는 것처럼
문제 해결의 길잡이로 해결 전략을 익힌다면
어려운 문제도 스스로 해결할 수 있어요.

자, 우리 함께 시작해 볼까요?

이 책의 구성

문제를 보기만 해도 어떻게 풀어야 할지 머릿속이 캄캄해진다구요?

해결 전략에 따라 길잡이 학습을 익히면 자신감이 생길 거예요!

길잡이 학습을 어떻게 하냐구요? 지금 바로 문해길을 펼쳐 보세요!

문해길 학습 1 시작하기

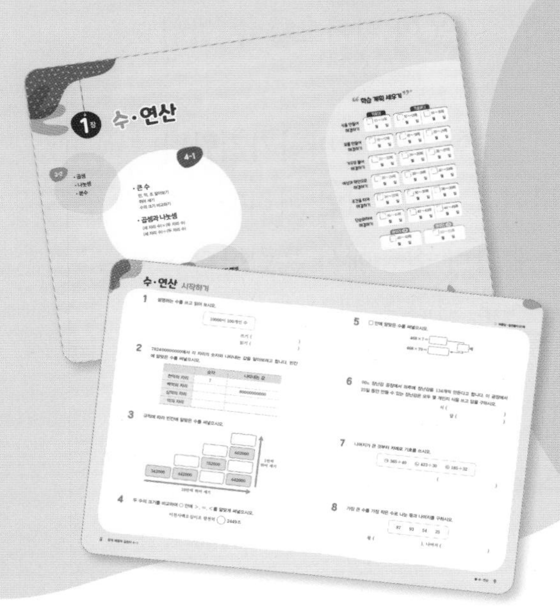

문해길 학습 2 해결 전략 익히기

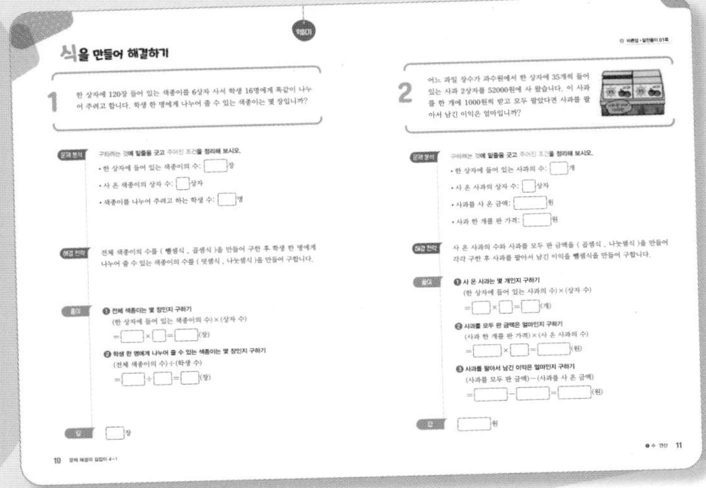

학습 계획 세우기

영역 학습을 시작하며 자신의 실력에 맞게 하루에 해야 할 목표를 세웁니다.

시작하기

문해길 학습에 본격적으로 들어가기 전에 기본 학습 실력을 점검합니다.

해결 전략 익히기

문제 분석하기	구하려는 것과 주어진 조건을 찾아내는 훈련을 통해 문장제 독해력을 키웁니다.
해결 전략 세우기	문제 해결 전략을 세우는 과정을 연습하며 수학적 사고력을 기릅니다.
단계적으로 풀기	단계별로 서술함으로써 풀이 과정을 익힙니다.

문제 풀이 동영상과 함께 완벽한 문해길 학습!

문제를 풀다가 막혔던 문제나 틀린 문제는 풀이 동영상을 보고, 온전하게 내 것으로 만들어요!

문해길 학습 3 해결 전략 적용하기

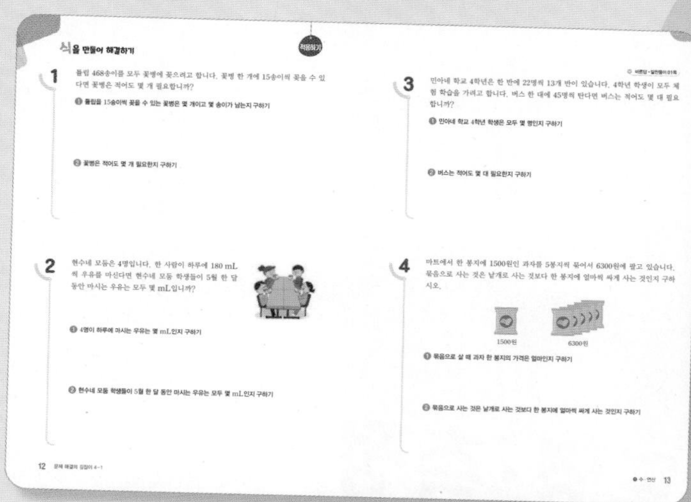

문해길 학습 4 마무리하기

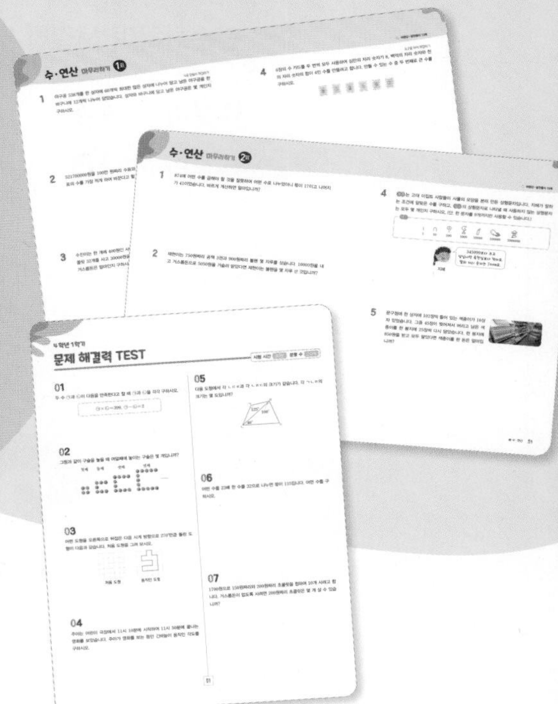

해결 전략 적용하기

문제 분석하기 → 해결 전략 세우기 → 단계적으로 풀기

문제를 읽고 스스로 분석하여 해결 전략을 세워 봅니다. 그리고 단계별 풀이 과정에 따라 정확하게 문제를 해결하는 훈련을 합니다.

마무리하기

마무리하기에서는 스스로 해결 전략과 풀이 단계를 세워 문제를 해결합니다. 이를 통해 향상된 실력을 확인합니다.

문제 해결력 TEST

문해길 학습의 최종 점검 단계입니다. 틀린 문제는 쌍둥이 문제를 다운받아 확실하게 익힙니다.

이 책의 차례

1장 수·연산

2장 도형·측정

3장 규칙성 · 자료와 가능성

[부록 시험지] 문제 해결력 TEST

1장 수·연산

3-2

- 곱셈
- 나눗셈
- 분수

4-1

- **큰 수**

  만, 억, 조 알아보기
  뛰어 세기
  수의 크기 비교하기

- **곱셈과 나눗셈**

  (세 자리 수)×(두 자리 수)
  (세 자리 수)÷(두 자리 수)

4-2

- 분수의 덧셈과 뺄셈
- 소수의 덧셈과 뺄셈

“학습 계획 세우기”

	익히기	적용하기	
식을 만들어 해결하기	□ 10~11쪽 월 일	□ 12~13쪽 월 일	□ 14~15쪽 월 일
표를 만들어 해결하기	□ 16~17쪽 월 일	□ 18~19쪽 월 일	□ 20~21쪽 월 일
거꾸로 풀어 해결하기	□ 22~23쪽 월 일	□ 24~25쪽 월 일	□ 26~27쪽 월 일
예상과 확인으로 해결하기	□ 28~29쪽 월 일	□ 30~31쪽 월 일	□ 32~33쪽 월 일
조건을 따져 해결하기	□ 34~35쪽 월 일	□ 36~37쪽 월 일	□ 38~39쪽 월 일
단순화하여 해결하기	□ 40~41쪽 월 일	□ 42~43쪽 월 일	□ 44~45쪽 월 일

마무리 1회	마무리 2회
□ 46~49쪽 월 일	□ 50~53쪽 월 일

수·연산 시작하기

1 설명하는 수를 쓰고 읽어 보시오.

10000이 100개인 수

쓰기 (　　　　　　　　　　)

읽기 (　　　　　　　　　　)

2 7824 0000 0000에서 각 자리의 숫자와 나타내는 값을 알아보려고 합니다. 빈칸에 알맞은 수를 써넣으시오.

	숫자	나타내는 값
천억의 자리	7	
백억의 자리		800 0000 0000
십억의 자리		
억의 자리		

3 규칙에 따라 빈칸에 알맞은 수를 써넣으시오.

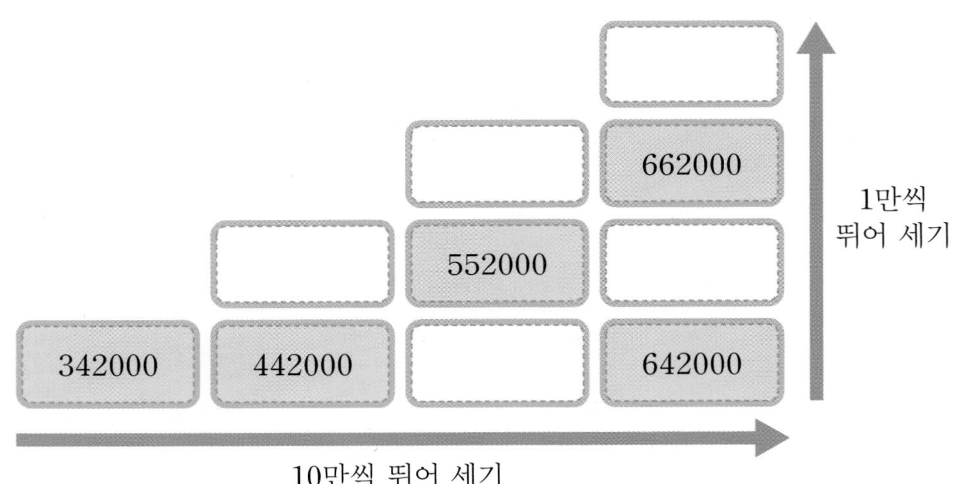

4 두 수의 크기를 비교하여 ○ 안에 >, =, <를 알맞게 써넣으시오.

이천사백오십이조 팔천억 ◯ 2449조

바른답 • 알찬풀이 01쪽

5 □ 안에 알맞은 수를 써넣으시오.

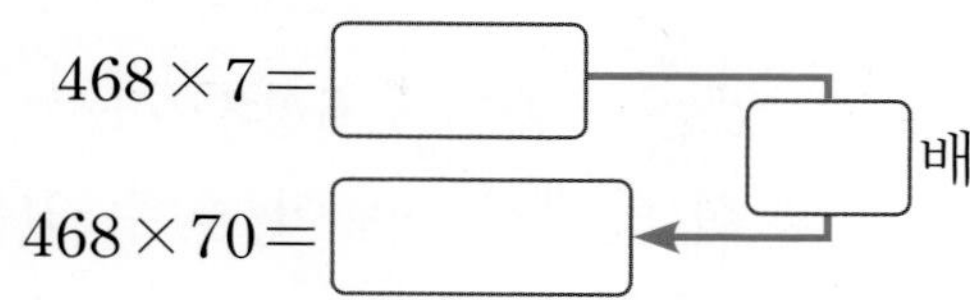

6 어느 장난감 공장에서 하루에 장난감을 134개씩 만든다고 합니다. 이 공장에서 25일 동안 만들 수 있는 장난감은 모두 몇 개인지 식을 쓰고 답을 구하시오.

식 (　　　　　　　　　　)

답 (　　　　　　　　　　)

7 나머지가 큰 것부터 차례로 기호를 쓰시오.

㉠ 365÷40	㉡ 423÷30	㉢ 185÷32

(　　　　　　　　　　)

8 가장 큰 수를 가장 작은 수로 나눈 몫과 나머지를 구하시오.

87	93	54	25

몫 (　　　　　　　　　　), 나머지 (　　　　　　　　　　)

식을 만들어 해결하기

1 한 상자에 120장 들어 있는 색종이를 6상자 사서 학생 16명에게 똑같이 나누어 주려고 합니다. 학생 한 명에게 나누어 줄 수 있는 색종이는 몇 장입니까?

문제 분석 구하려는 것에 밑줄을 긋고 주어진 조건을 정리해 보시오.

- 한 상자에 들어 있는 색종이의 수: ☐장
- 사 온 색종이의 상자 수: ☐상자
- 색종이를 나누어 주려고 하는 학생 수: ☐명

해결 전략 전체 색종이의 수를 (뺄셈식 , 곱셈식)을 만들어 구한 후 학생 한 명에게 나누어 줄 수 있는 색종이의 수를 (덧셈식 , 나눗셈식)을 만들어 구합니다.

풀이

① **전체 색종이는 몇 장인지 구하기**

(한 상자에 들어 있는 색종이의 수)×(상자 수)

=☐×☐=☐(장)

② **학생 한 명에게 나누어 줄 수 있는 색종이는 몇 장인지 구하기**

(전체 색종이의 수)÷(학생 수)

=☐÷☐=☐(장)

답 장

바른답 • 알찬풀이 01쪽

2

어느 과일 장수가 과수원에서 한 상자에 35개씩 들어 있는 사과 2상자를 52000원에 사 왔습니다. 이 사과를 한 개에 1000원씩 받고 모두 팔았다면 사과를 팔아서 남긴 이익은 얼마입니까?

문제 분석 구하려는 것에 밑줄을 긋고 주어진 조건을 정리해 보시오.

- 한 상자에 들어 있는 사과의 수: ☐개
- 사 온 사과의 상자 수: ☐상자
- 사과를 사 온 금액: ☐원
- 사과 한 개를 판 가격: ☐원

해결 전략 사 온 사과의 수와 사과를 모두 판 금액을 (곱셈식 , 나눗셈식)을 만들어 각각 구한 후 사과를 팔아서 남긴 이익을 뺄셈식을 만들어 구합니다.

풀이

❶ 사 온 사과는 몇 개인지 구하기

(한 상자에 들어 있는 사과의 수)×(상자 수)

=☐×☐=☐(개)

❷ 사과를 모두 판 금액은 얼마인지 구하기

(사과 한 개를 판 가격)×(사 온 사과의 수)

=☐×☐=☐(원)

❸ 사과를 팔아서 남긴 이익은 얼마인지 구하기

(사과를 모두 판 금액)−(사과를 사 온 금액)

=☐−☐=☐(원)

답 ☐원

식을 만들어 해결하기

1 튤립 468송이를 모두 꽃병에 꽂으려고 합니다. 꽃병 한 개에 15송이씩 꽂을 수 있다면 꽃병은 적어도 몇 개 필요합니까?

❶ 튤립을 15송이씩 꽂을 수 있는 꽃병은 몇 개이고 몇 송이가 남는지 구하기

❷ 꽃병은 적어도 몇 개 필요한지 구하기

2 현수네 모둠은 4명입니다. 한 사람이 하루에 180 mL씩 우유를 마신다면 현수네 모둠 학생들이 5월 한 달 동안 마시는 우유는 모두 몇 mL입니까?

❶ 4명이 하루에 마시는 우유는 몇 mL인지 구하기

❷ 현수네 모둠 학생들이 5월 한 달 동안 마시는 우유는 모두 몇 mL인지 구하기

바른답 • 알찬풀이 01쪽

3 민아네 학교 4학년은 한 반에 22명씩 13개 반이 있습니다. 4학년 학생이 모두 체험 학습을 가려고 합니다. 버스 한 대에 45명씩 탄다면 버스는 적어도 몇 대 필요합니까?

1 민아네 학교 4학년 학생은 모두 몇 명인지 구하기

2 버스는 적어도 몇 대 필요한지 구하기

4 마트에서 한 봉지에 1500원인 과자를 5봉지씩 묶어서 6300원에 팔고 있습니다. 묶음으로 사는 것은 낱개로 사는 것보다 한 봉지에 얼마씩 싸게 사는 것인지 구하시오.

1500원

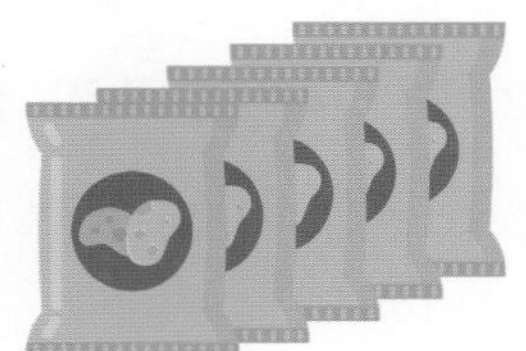

6300원

1 묶음으로 살 때 과자 한 봉지의 가격은 얼마인지 구하기

2 묶음으로 사는 것은 낱개로 사는 것보다 한 봉지에 얼마씩 싸게 사는 것인지 구하기

식을 만들어 해결하기

5 길이가 150 m인 기차가 1초에 72 m씩 일정한 빠르기로 달리고 있습니다. 이 기차가 길이 642 m인 터널을 완전히 통과하는 데 걸리는 시간은 몇 초입니까?

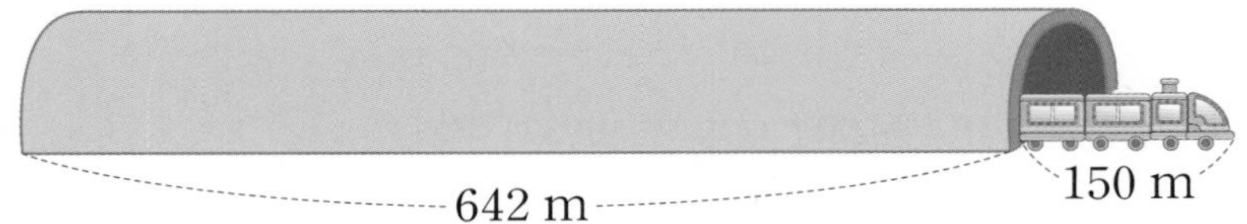

❶ 기차가 터널을 완전히 통과하는 데 달리는 거리는 몇 m인지 구하기

(기차가 터널을 완전히 통과하는 데 달리는 거리)

=(☐의 길이)+(기차의 길이)=☐ (m)

❷ 기차가 터널을 완전히 완전히 통과하는 데 걸리는 시간은 몇 초인지 구하기

6 윤아가 어떤 책을 하루에 24쪽씩 16일 동안 읽었더니 모두 읽을 수 있었습니다. 이 책을 민수가 하루에 32쪽씩 4일 동안 읽은 다음 나머지를 16일 동안 모두 읽으려고 합니다. 민수가 16일 동안 매일 같은 쪽수씩 읽는다면 하루에 읽어야 하는 쪽수는 몇 쪽입니까?

❶ 윤아가 읽은 책의 전체 쪽수 구하기

❷ 민수가 16일 동안 읽어야 하는 책의 쪽수 구하기

❸ 민수가 16일 동안 하루에 읽어야 하는 책의 쪽수 구하기

바른답 • 알찬풀이 02쪽

7 영미네 양계장에서 오늘 나온 달걀은 4275개입니다. 이 달걀을 한 판에 30개씩 담아 130판을 팔았습니다. 팔고 남은 달걀은 몇 개입니까?

8 한 묶음에 24권씩 들어 있는 스케치북 12묶음이 있습니다. 이 스케치북을 선화네 반 학생 21명에게 똑같이 나누어 주려고 합니다. 스케치북을 남김없이 나누어 주려면 스케치북은 적어도 몇 권 더 필요합니까?

9 길이가 30 m인 경전철이 1초에 14 m씩 일정한 빠르기로 달리고 있습니다. 이 경전철이 어느 다리를 완전히 건너는 데 1분 50초가 걸렸습니다. 이 다리의 길이는 몇 m입니까?

익히기

표를 만들어 해결하기

1 연주 어머니는 은행에서 850만 원을 100만 원짜리 수표와 10만 원짜리 수표로 모두 바꾸었습니다. 바꾼 수표가 모두 40장일 때 100만 원짜리 수표와 10만 원짜리 수표를 각각 몇 장으로 바꾼 것인지 구하시오.

문제 분석 구하려는 것에 밑줄을 긋고 주어진 조건을 정리해 보시오.

- 바꾼 금액: ☐만 원
- 바꾼 수표의 종류: 100만 원짜리 수표와 10만 원짜리 수표
- 바꾼 전체 수표 수: ☐장

해결 전략

- 850만 원을 100만 원짜리 수표와 10만 원짜리 수표로 모두 바꾸는 경우를 표로 나타내 봅니다.
- 만든 표에서 수표 수의 합이 ☐장인 경우를 찾아봅니다.

풀이

❶ 850만 원을 100만 원짜리 수표와 10만 원짜리 수표로 모두 바꾸는 경우를 표로 나타내기

10만이 10개인 수가 ☐만임을 이용하여 표를 완성해 봅니다.

100만 원짜리 수표 수(장)	8	7	6	5	4
10만 원짜리 수표 수(장)	5				
합(장)	13				

❷ 100만 원짜리 수표와 10만 원짜리 수표를 각각 몇 장으로 바꾼 것인지 구하기

위 표에서 수표 수의 합이 ☐장이 되는 경우를 찾으면 100만 원짜리 수표는 ☐장, 10만 원짜리 수표는 ☐장으로 바꾼 것입니다.

답 100만 원짜리 수표: ☐장, 10만 원짜리 수표: ☐장

바른답 • 알찬풀이 03쪽

2

농장에 오리와 토끼가 모두 30마리 있습니다. 이 오리와 토끼의 다리 수의 합이 88개라면 농장에 있는 오리와 토끼는 각각 몇 마리입니까?

문제 분석 구하려는 것에 밑줄을 긋고 주어진 조건을 정리해 보시오.

- 오리와 토끼의 수의 합: ☐마리
- 오리와 토끼의 다리 수의 합: ☐개

해결 전략

- 오리와 토끼의 수의 합이 30마리가 되도록 표를 만들어 봅니다.
- 만든 표에서 오리와 토끼의 다리 수의 합이 ☐개인 경우를 찾아봅니다.

풀이

❶ 오리와 토끼의 수의 합이 30마리가 되도록 표 만들기

오리의 다리는 ☐개이고, 토끼의 다리는 ☐개입니다.

오리의 수(마리)	13	14	15	16	17	……
오리의 다리 수(개)	26					……
토끼의 수(마리)	17	16				……
토끼의 다리 수(개)	68					……
다리 수의 합(개)	94					……

❷ 농장에 있는 오리와 토끼는 각각 몇 마리인지 구하기

위 표에서 다리 수의 합이 ☐개인 경우를 찾으면 오리는 ☐마리, 토끼는 ☐마리입니다.

답 오리: ☐마리, 토끼: ☐마리

표를 만들어 해결하기

1 올해 1월 유리의 통장에는 135000원, 혜리의 통장에는 160000원이 들어 있습니다. 2월부터 매월 유리는 10000원씩, 혜리는 5000원씩 저금한다면 두 사람의 저금액이 같아지는 때는 몇 월까지 저금했을 때입니까? (단, 이자는 생각하지 않습니다.)

❶ 두 사람의 매월 저금액을 표로 나타내기

월	1	2	3	4	5	6	……
유리의 저금액(원)	135000						……
혜리의 저금액(원)	160000						……

❷ 두 사람의 저금액이 같아지는 때는 몇 월까지 저금했을 때인지 구하기

2 병규가 집에서 출발한 지 10분 후에 형이 자전거를 타고 출발하였습니다. 병규는 1분에 60 m씩 일정한 빠르기로 걸어가고, 형은 자전거로 1분에 160 m씩 일정한 빠르기로 간다고 합니다. 형은 출발한 지 몇 분 후에 병규를 만날 수 있습니까?

❶ 형이 출발한 지 1분 후이면 병규는 몇 분 동안 걸어간 것인지 구하기

❷ 형과 병규가 간 시간과 거리를 표로 나타내기

형이 간 시간(분)	1	2	3	4	5	6	……
형이 간 거리(m)	160	320					……
병규가 간 시간(분)							……
병규가 간 거리(m)							……

❸ 형은 출발한 지 몇 분 후에 병규를 만날 수 있는지 구하기

바른답 • 알찬풀이 03쪽

3

우주가 읽으려고 펼쳐 놓은 책의 두 쪽수를 곱하였더니 10920이었습니다. 우주가 펼친 책의 쪽수는 몇 쪽과 몇 쪽입니까?

❶ 책의 두 쪽수의 곱을 구하는 표 만들기

왼쪽의 쪽수(쪽)	100	102	104	106	……
오른쪽의 쪽수(쪽)	101	103			……
두 쪽수의 곱	10100				……

❷ 우주가 펼친 책의 두 쪽수는 각각 몇 쪽인지 구하기

4

500원짜리 동전과 100원짜리 동전이 합하여 12개 있습니다. 이 동전의 금액이 4800원일 때 500원짜리 동전과 100원짜리 동전은 각각 몇 개인지 구하시오.

❶ 500원짜리 동전과 100원짜리 동전의 수의 합이 12개가 되도록 표 만들기

500원짜리 동전의 수(개)	6	7	8	9	10	11
500원짜리 동전의 금액(원)	3000	3500				
100원짜리 동전의 수(개)	6	5				
100원짜리 동전의 금액(원)	600	500				
금액의 합(원)	3600					

❷ 500원짜리 동전과 100원짜리 동전은 각각 몇 개인지 구하기

표를 만들어 해결하기

5 새연이 아버지는 은행에서 400만 원을 10만 원짜리 수표와 5만 원짜리 지폐로 모두 바꾸었습니다. 바꾼 수표와 지폐의 수의 합이 50장일 때 10만 원짜리 수표와 5만 원짜리 지폐를 각각 몇 장으로 바꾼 것인지 구하시오.

❶ 400만 원을 10만 원짜리 수표와 5만 원짜리 지폐로 모두 바꾸는 경우를 표로 나타내기

10만 원짜리 수표 수(장)	40	39	38	……	31	30	29
5만 원짜리 지폐 수(장)	0	2		……			
합(장)				……			

❷ 10만 원짜리 수표와 5만 원짜리 지폐를 각각 몇 장으로 바꾼 것인지 구하기

6 어느 양궁 팀이 오른쪽과 같은 과녁에 화살을 맞혀 얻은 점수가 106점입니다. 과녁을 맞힌 화살이 모두 22개일 때 4점짜리와 6점짜리 과녁을 맞힌 화살은 각각 몇 개인지 구하시오.

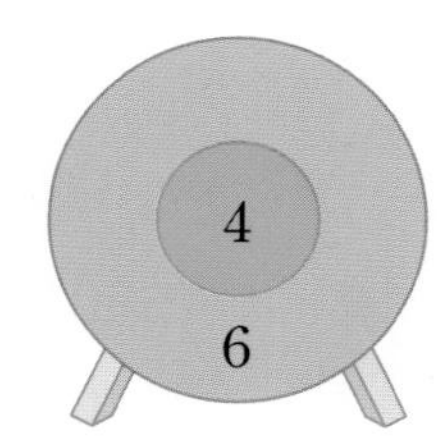

❶ 4점짜리와 6점짜리 과녁을 맞힌 화살 수의 합이 22개가 되도록 표 만들기

4점짜리 과녁을 맞힌 화살 수(개)	10	11	12	13	14	……
4점짜리 과녁에서 얻은 점수(점)	40	44	48			……
6점짜리 과녁을 맞힌 화살 수(개)	12					……
6점짜리 과녁에서 얻은 점수(점)	72					……
점수의 합(점)	112					……

❷ 4점짜리와 6점짜리 과녁을 맞힌 화살은 각각 몇 개인지 구하기

바른답 • 알찬풀이 04쪽

7

지호가 가진 사탕은 초콜릿보다 3개 적고 사탕의 수와 초콜릿의 수를 곱하면 598이 됩니다. 지호가 가진 사탕과 초콜릿은 각각 몇 개입니까?

8

어느 해 3월 달력에서 같은 요일에 있는 위아래의 두 날짜의 수를 곱하였더니 260이었습니다. 곱한 두 수를 구하시오.

9

수혁이는 돼지 저금통에 모은 100원짜리 동전과 50원짜리 동전 20개를 모두 사용하여 아이스크림을 사 먹었습니다. 아이스크림이 1650원일 때 수혁이가 모은 100원짜리 동전과 50원짜리 동전은 각각 몇 개입니까?

익히기

거꾸로 풀어 해결하기

1 어떤 수를 45로 나누어야 할 것을 잘못하여 25로 나누었더니 몫이 19, 나머지가 8이었습니다. 바르게 계산했을 때의 몫과 나머지를 각각 구하시오.

문제 분석 구하려는 것에 밑줄을 긋고 주어진 조건을 정리해 보시오.

• 어떤 수를 나누어야 하는 수: □

• 어떤 수를 25로 나누었을 때 몫과 나머지: 몫 □, 나머지 □

해결 전략 어떤 수를 ■로 나눈 몫이 ▲, 나머지가 ★일 때 어떤 수는 □와 ▲의 곱에 □을 더한 수와 같습니다.

풀이

❶ 어떤 수 구하기

(나누는 수)×(몫)=□×□=□,

(어떤 수)=□+(나머지)=□+□=□

❷ 바르게 계산한 몫과 나머지 구하기

(어떤 수)÷45를 세로셈으로 계산합니다.

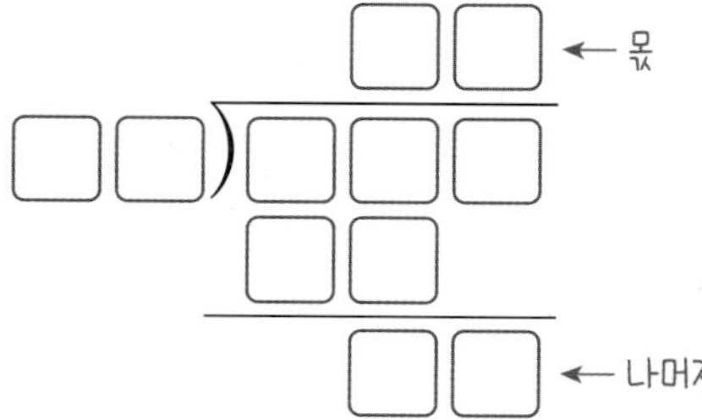

답 몫: □, 나머지: □

바른답 • 알찬풀이 05쪽

2

어떤 수를 입력하면 그 수의 2배가 출력되는 코딩 프로그램이 있습니다. 지영이가 이 프로그램에 어떤 수를 입력하였을 때 나온 수를 다시 입력하는 것을 5번 반복하였더니 192가 출력되었습니다. 지영이가 처음 입력한 수는 얼마입니까?

문제 분석 구하려는 것에 밑줄을 긋고 주어진 조건을 정리해 보시오.

- 코딩 프로그램의 규칙: 입력한 수의 □배가 출력됩니다.
- 어떤 수를 입력하여 나온 수를 다시 입력하기를 반복한 횟수: □번

해결 전략 마지막에 출력된 수 □부터 거꾸로 생각하여 처음 입력한 수를 찾아봅니다.

풀이

❶ 입력한 수와 출력된 수의 관계를 거꾸로 생각하기

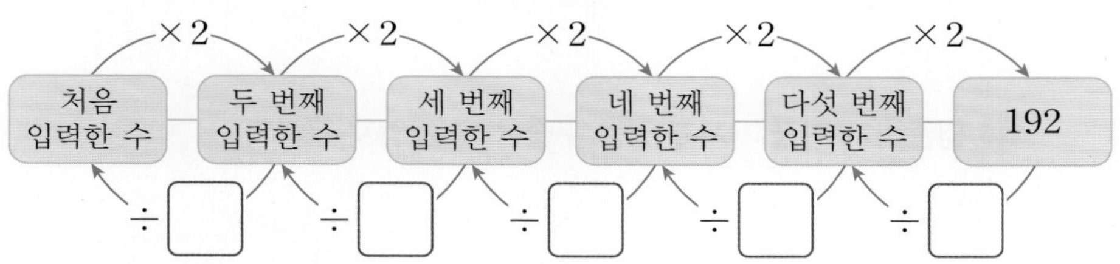

❷ 처음 입력한 수 구하기

(다섯 번째 입력한 수)=192÷□=□

(네 번째 입력한 수)=□÷□=□

(세 번째 입력한 수)=□÷□=□

(두 번째 입력한 수)=□÷□=□

(처음 입력한 수)=□÷□=□

답 □

적용하기

거꾸로 풀어 해결하기

1 어떤 수를 1000배 한 수를 100배 하였더니 88억이 되었습니다. 어떤 수는 얼마입니까?

① 88억을 100배 하기 전의 수 구하기

② 어떤 수 구하기

2 철호가 명준이에게 명준이가 가지고 있던 구슬의 수만큼 구슬을 주었더니 두 사람이 가진 구슬의 수가 똑같이 128개가 되었습니다. 철호와 명준이가 처음에 가지고 있던 구슬은 각각 몇 개입니까?

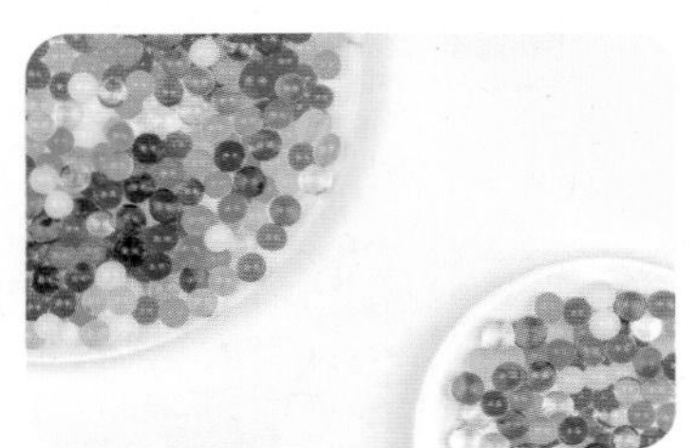

① 명준이가 지금 가지고 있는 구슬은 몇 개인지 구하기

② 철호가 명준이에게 준 구슬은 몇 개인지 구하기

③ 철호와 명준이가 처음에 가지고 있던 구슬은 각각 몇 개인지 구하기

바른답 • 알찬풀이 05쪽

3

어떤 수에 16을 곱해야 할 것을 잘못하여 16의 십의 자리 수와 일의 자리 수가 바뀐 수를 곱했더니 793이 되었습니다. 바르게 계산하면 얼마입니까?

❶ 어떤 수에 잘못 곱한 수 구하기

❷ 어떤 수 구하기

❸ 바르게 계산하면 얼마인지 구하기

4

미주는 계산기에 어떤 수, [×], [5], [=]을 차례로 눌렀습니다. 나온 결과에 [×], [5], [=]을 차례로 2번씩 더 눌렀더니 1375가 나왔습니다. 미주가 계산기에 처음 누른 어떤 수는 얼마입니까?

❶ 계산기에 누른 수와 나온 결과의 관계를 거꾸로 생각하기

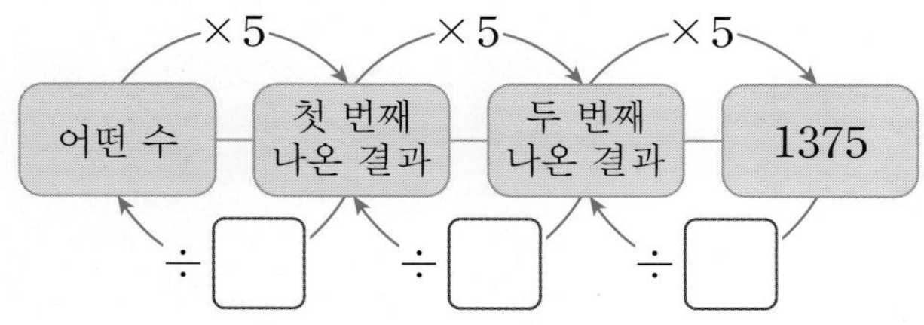

❷ 처음 누른 어떤 수 구하기

거꾸로 풀어 해결하기

5 어떤 수에서 10만씩 커지도록 4번 뛰어 센 다음 1만씩 커지도록 3번 뛰어 세면 2458000입니다. 어떤 수는 얼마입니까?

❶ 1만씩 커지도록 3번 뛰어 세기 전의 수 구하기

❷ 어떤 수 구하기

6 어떤 수에 42를 곱한 후 203을 더했더니 875가 되었습니다. 어떤 수에 53을 곱하면 얼마입니까?

❶ 어떤 수에 42를 곱한 수 구하기

❷ 어떤 수 구하기

❸ 어떤 수에 53을 곱한 수 구하기

바른답 • 알찬풀이 06쪽

7 수영이의 부모님은 매월 100만 원씩 저금을 합니다. 이번 달 저금한 후 통장에 23576800원이 있다면 4개월 전 저금한 후 통장에 있던 금액은 얼마입니까? (단, 이자는 생각하지 않습니다.)

8 어떤 수를 35로 나누어야 할 것을 잘못하여 25로 나누었더니 몫이 16이고 나머지가 12였습니다. 바르게 계산했을 때 몫과 나머지의 합은 얼마입니까?

9 어떤 수에서 1000배씩 2번 뛰어 센 다음 10조씩 커지도록 5번 뛰어 세면 670조입니다. 어떤 수는 얼마입니까?

익히기

예상과 확인으로 해결하기

1 오른쪽 곱셈식에서 ㉢, ㉥, ㉩에 알맞은 수를 각각 구하시오.

			1	5	㉠
	×			㉡	8
		㉢	2	㉣	2
	㉤	㉥	㉦	3	
	㉧	㉨	㉩	㉪	2

문제 분석 구하려는 것에 밑줄을 긋고 주어진 조건을 정리해 보시오.

곱셈식 15㉠×㉡8의 계산 과정

해결 전략 15㉠×8의 일의 자리 수가 □이므로 ㉠을 4 또는 □라고 예상하여 계산한 후 확인합니다.

풀이

❶ ㉠을 4라고 예상하고 확인하기

15㉠×㉡ ➡ 154×㉡의 일의 자리 수가 3이 되도록 하는 ㉡을 찾을 수 (있습니다 , 없습니다).

❷ ㉠을 9라고 예상하고 확인하기

15㉠×㉡ ➡ 15□×㉡의 일의 자리 수가 3이 되도록 하는 ㉡을 찾으면 ㉡=□입니다.

❸ 곱셈식을 완성하고 ㉢, ㉥, ㉩에 알맞은 수 각각 구하기

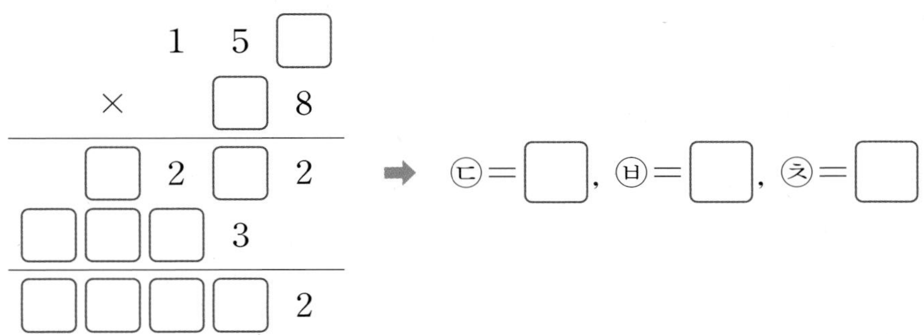

답 ㉢=□, ㉥=□, ㉩=□

바른답 • 알찬풀이 07쪽

2

진규는 친구들에게 가지고 있는 구슬을 똑같이 나누어 주려고 합니다. 한 명에 6개씩 나누어 주면 2개가 남고, 7개씩 나누어 주면 6개가 부족합니다. 진규가 가지고 있는 구슬은 몇 개이고, 진규가 나누어 주려는 친구는 몇 명입니까?

문제 분석 **구하려는 것에 밑줄을 긋고 주어진 조건을 정리해 보시오.**

- 6개씩 나누어 줄 때 남는 구슬의 수: ☐개
- 7개씩 나누어 줄 때 부족한 구슬의 수: ☐개

해결 전략 친구의 수를 예상하여 구슬을 6개씩 나누어 주었을 때와 7개씩 나누어 주었을 때의 구슬의 수를 구한 다음 전체 구슬의 수가 (같은지 , 다른지) 확인합니다.

풀이

❶ 친구가 7명이라고 예상하여 전체 구슬의 수를 구하고 확인하기

6개씩 나누어 줄 때: 6 × ☐ = ☐ → ☐ + 2 = ☐

7개씩 나누어 줄 때: 7 × ☐ = ☐ → ☐ − 6 = ☐

➡ 전체 구슬의 수가 (같습니다 , 다릅니다).

❷ 친구가 8명이라고 예상하여 전체 구슬의 수를 구하고 확인하기

6개씩 나누어 줄 때: 6 × ☐ = ☐ → ☐ + 2 = ☐

7개씩 나누어 줄 때: 7 × ☐ = ☐ → ☐ − 6 = ☐

➡ 전체 구슬의 수가 (같습니다 , 다릅니다).

❸ 진규가 가지고 있는 구슬은 몇 개이고, 나누어 주려는 친구는 몇 명인지 구하기

친구가 ☐명이라고 예상했을 때 전체 구슬의 수가 같았으므로 구슬은 ☐개이고, 친구는 ☐명입니다.

답 구슬: ☐개, 친구: ☐명

예상과 확인으로 해결하기

1 5장의 수 카드 중 2장을 뽑아 ㉠과 ㉡에 써넣어 다음 식을 완성하려고 합니다. ㉠과 ㉡에 알맞은 수를 각각 구하시오.

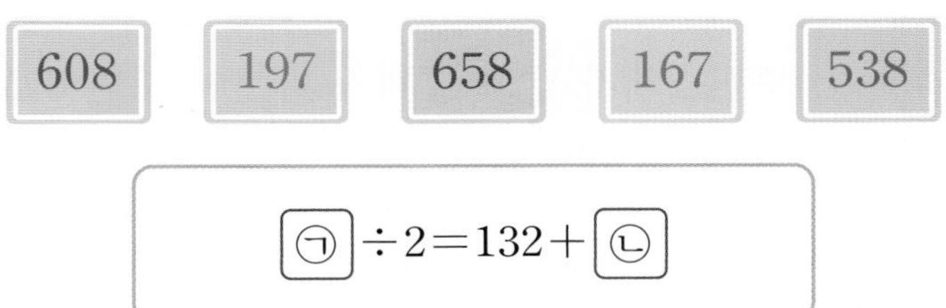

㉠÷2=132+㉡

❶ ㉠÷2가 나누어떨어지는 나눗셈이 되게 하는 ㉠ 구하기

❷ ❶의 경우에 맞게 ㉠의 수를 예상하고 확인하여 ㉠과 ㉡에 알맞은 수 각각 구하기

2 큰 상자에 들어 있는 비누를 여러 개의 작은 상자에 똑같이 나누어 담으려고 합니다. 한 상자에 5개씩 담으면 7개가 남고, 6개씩 담으면 1개가 부족합니다. 비누와 작은 상자는 각각 몇 개입니까?

❶ 작은 상자가 6개 있다고 예상하여 비누의 수를 구하고 확인하기

❷ 작은 상자의 수를 예상하고 확인하여 비누와 작은 상자의 수 각각 구하기

바른답 • 알찬풀이 07쪽

3

□ 안에 1부터 9까지의 자연수를 한 번씩만 써넣어 다음 식을 만들어 보시오.

□+□+□+□+□+□+□=□□

❶ **주어진 자연수 중 7개의 수의 합이 가장 작을 때와 가장 클 때의 값 구하기**

1+2+3+4+5+6+7=□, 3+4+5+6+7+8+9=□이므로 주어진 자연수 중 7개의 수의 합은 □과 같거나 크고 □와 같거나 작습니다.

❷ **합의 수를 예상하고 확인하여 식 만들기**

4

민서는 체험 농장에서 한 개의 무게가 200 g인 감자와 250 g인 감자를 합하여 30개 캤습니다. 캔 감자의 총 무게가 6600 g일 때 무게가 200 g인 감자와 250 g인 감자를 각각 몇 개 캔 것인지 구하시오.

❶ **무게가 200 g인 감자와 250 g인 감자를 각각 15개씩 캤다고 예상하고 확인하기**

200×15=□(g)
250×15=□(g)

전체 무게: □g

➡ 예상한 것이 (맞습니다 , 틀립니다).

❷ **무게별 캔 감자의 수를 예상하고 확인하여 무게가 200 g인 감자와 250 g인 감자를 각각 몇 개 캔 것인지 구하기**

예상과 확인으로 해결하기

5 다음 나눗셈식을 만족하는 ■, ▲, ★은 모두 한 자리 수입니다. ■가 될 수 있는 수를 모두 구하시오.

79■÷15=5▲…★

❶ 주어진 나눗셈식을 나타낼 수 있는 부분까지 세로로 나타내기

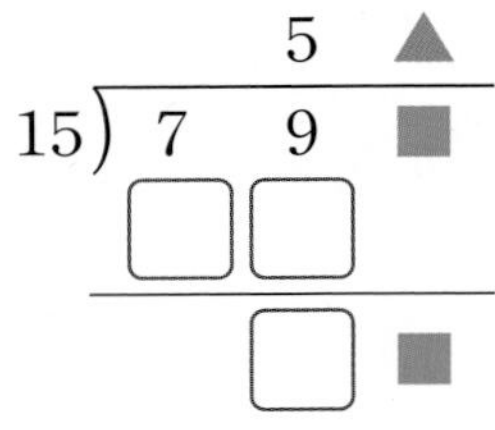

❷ ▲에 알맞은 수를 예상하고 확인하여 ■가 될 수 있는 수를 모두 구하기

6 윤호가 말하는 두 수를 구하시오.

❶ 두 수의 일의 자리 수가 될 수 있는 조건 찾기

❷ ❶에서 구한 조건에 알맞게 예상하고 확인하여 두 수 구하기

바른답 • 알찬풀이 08쪽

7 4×4, 10×10, 45×45와 같이 같은 두 수를 곱하였더니 2209가 되었습니다. 이 수를 구하시오.

8 5장의 수 카드의 수를 □ 안에 한 번씩만 써넣어 다음 나눗셈식을 완성하시오.

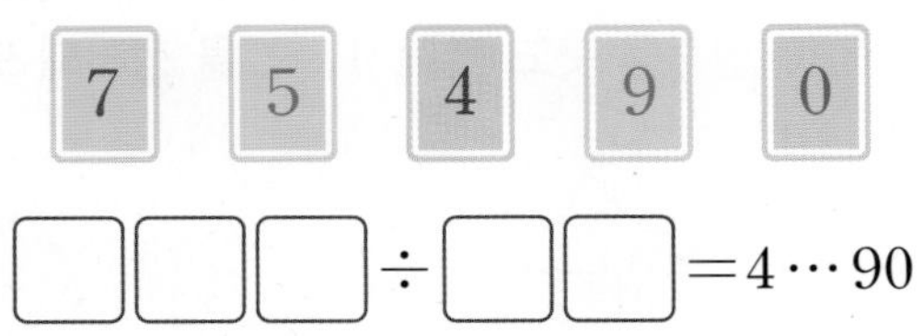

$\square\square\square \div \square\square = 4 \cdots 90$

9 어느 '어린이 퀴즈 대회'에서는 10문제를 푸는 데 한 문제를 맞히면 6점을 얻고 틀리면 3점을 감점합니다. 기본 점수가 40점일 때 상희는 이 퀴즈 대회에 참가하여 82점을 얻었습니다. 상희는 몇 문제를 맞혔습니까?

익히기

조건을 따져 해결하기

1 수 카드를 한 번씩만 사용하여 조건에 맞는 가장 작은 수를 만드시오.

5 2 9 0 6 1 7 2

- 여덟 자리 수이고 백의 자리 숫자는 0입니다.
- 십만의 자리 숫자와 천의 자리 숫자는 같습니다.

문제 분석 구하려는 것에 밑줄을 긋고 주어진 조건을 정리해 보시오.

- 자리 수: ☐ 자리
- 백의 자리 숫자: ☐
- (십만의 자리 숫자)=(☐의 자리 숫자)
- 수 카드의 수: 5, 2, 9, 0, 6, ☐, ☐, ☐

해결 전략 여덟 자리의 빈칸을 만들고 조건을 따져 알맞은 자리에 수를 써넣어 봅니다.

풀이

① 여덟 자리의 빈칸을 만들고 백의 자리에 알맞은 수 써넣기

☐☐☐☐☐☐☐☐

② ①의 빈칸에 십만의 자리와 천의 자리에 알맞은 수 써넣기

십만의 자리 숫자와 천의 자리 숫자는 (같고 , 다르고), 2장이 주어진 수 카드의 숫자는 ☐이므로 알맞은 자리에 각각 수를 써넣습니다.

③ ①의 빈칸에 남은 수 카드의 수를 알맞게 써넣기

남은 수를 높은 자리부터 차례로 (큰 수 , 작은 수)를 써넣습니다.

답 ☐

바른답 • 알찬풀이 09쪽

2

연지네 학교 학생 528명이 미술관에 가려고 합니다. 한 반이 내야 하는 미술관 입장료는 얼마입니까?

우리 학교에는 24개의 반이 있어.

모든 반의 학생 수는 같아.

미술관 입장료는 한 명에 500원이야.

연지

재홍

수민

문제 분석 구하려는 것에 밑줄을 긋고 주어진 조건을 정리해 보시오.

• 연지네 학교 학생 수: ☐명 • 연지네 학교의 반 수: ☐개

• 모든 반의 학생 수는 ☐. • 미술관 입장료: 한 명에 ☐원

해결 전략 먼저 한 반의 학생 수를 구한 후 한 반이 내야 하는 미술관 입장료를 구합니다.

풀이

❶ 한 반의 학생 수는 몇 명인지 구하기

연지네 학교는 ☐개의 반이 있고 모든 반의 학생 수는 같으므로

한 반의 학생 수는 528÷☐=☐(명)입니다.

❷ 한 반이 내야 하는 미술관 입장료는 얼마인지 구하기

한 반의 학생 수는 ☐명이므로 한 반이 내야 하는 미술관 입장료는

500×☐=☐(원)입니다.

답 ☐원

조건을 따져 해결하기

1 어느 해 가와 나 휴대 전화의 판매량을 나타낸 것입니다. 가 휴대 전화의 판매량에서 3이 나타내는 값은 나 휴대 전화의 판매량에서 3이 나타내는 값의 몇 배인지 구하시오.

가: 38450000대	나: 19231000대

❶ 가 휴대 전화의 판매량에서 3이 나타내는 값과 나 휴대 전화의 판매량에서 3이 나타내는 값 각각 구하기

❷ 가 휴대 전화의 판매량에서 3이 나타내는 값은 나 휴대 전화의 판매량에서 3이 나타내는 값의 몇 배인지 구하기

2 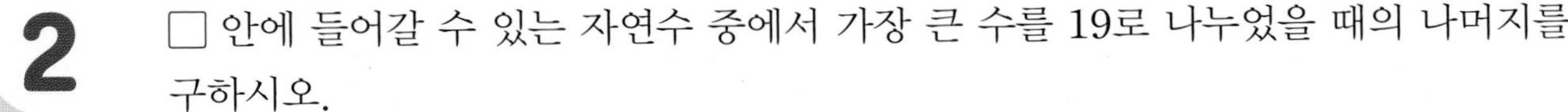
□ 안에 들어갈 수 있는 자연수 중에서 가장 큰 수를 19로 나누었을 때의 나머지를 구하시오.

❶ □ 안에 들어갈 수 있는 자연수 중에서 가장 큰 수는 얼마인지 구하기

❷ ❶에서 구한 수를 19로 나누었을 때의 나머지는 얼마인지 구하기

바른답 • 알찬풀이 10쪽

3

조건을 모두 만족하는 가장 작은 일곱 자리 수를 구하시오.

- 0이 3개입니다.
- 천의 자리 숫자가 8입니다.

❶ 일곱 자리의 빈칸을 만들고 천의 자리에 알맞은 수 써넣기

❷ 조건을 만족하는 가장 작은 일곱 자리 수 구하기

꽃 가게에 장미꽃 800송이가 있습니다. 이 장미꽃을 모두 판매한 금액은 얼마인지 구하시오.

㉠ 장미꽃을 한 다발에 15송이씩 묶어 최대한 많이 만들었습니다.
㉡ 15송이씩 묶은 장미꽃 한 다발은 5000원입니다.
㉢ 묶지 못하고 남은 장미꽃은 한 송이에 1000원씩 받고 판매하였습니다.

❶ 장미꽃을 몇 다발까지 만들 수 있고, 몇 송이가 남는지 구하기

❷ 장미꽃을 모두 판매한 금액은 얼마인지 구하기

조건을 따져 해결하기

5 정희와 윤호는 다음과 같이 숫자가 적힌 공을 가지고 있습니다. 정희가 가진 공 중 3개를 뽑아 두 번째로 큰 세 자리 수를 만들고, 윤호가 가진 공 중 2개를 뽑아 가장 작은 두 자리 수를 만들었습니다. 두 사람이 만든 수로 (세 자리 수)×(두 자리 수)의 곱셈식을 만들고 계산해 보시오.

정희: 7 2 1 9 6　　윤호: 8 4 5 3

❶ 정희가 만든 두 번째로 큰 세 자리 수 구하기

❷ 윤호가 만든 가장 작은 두 자리 수 구하기

❸ 두 사람이 만든 수로 (세 자리 수)×(두 자리 수)의 곱셈식 만들고 계산하기

6 7장의 수 카드 중 5장을 뽑아 □ 안에 한 번씩만 써넣어 몫이 가장 큰 (세 자리 수)÷(두 자리 수)를 만들려고 합니다. 나눗셈식을 만들고 몫과 나머지를 구하시오.

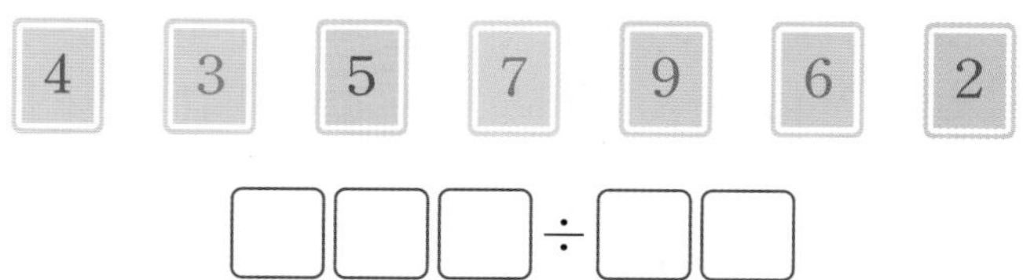

□□□÷□□

❶ 몫을 가장 크게 만드는 나누어지는 수와 나누는 수 구하기

❷ (세 자리 수)÷(두 자리 수)의 나눗셈식을 만들고 몫과 나머지 구하기

바른답 • 알찬풀이 10쪽

7 ㉠이 나타내는 값은 ㉡이 나타내는 값의 몇 배입니까?

8 ≪●, ▲≫는 ●÷▲의 몫과 나머지를 더한 값입니다. ㉠과 ㉡ 중 더 큰 수의 기호를 쓰시오.

㉠ ≪141, 36≫　　　㉡ ≪312, 55≫

9 나눗셈의 몫이 5일 때 0부터 9까지의 수 중 □ 안에 들어갈 수 있는 수는 모두 몇 개입니까?

3□2÷60

익히기

단순화하여 해결하기

1 길이가 900 m인 길의 양쪽에 처음부터 끝까지 5 m 간격으로 나무를 심으려고 합니다. 필요한 나무는 모두 몇 그루입니까? (단, 나무의 두께는 생각하지 않습니다.)

문제 분석 구하려는 것에 밑줄을 긋고 주어진 조건을 정리해 보시오.

• 나무를 심으려는 길의 길이: ☐ m • 나무를 심는 간격: ☐ m

• 나무를 심는 방법: 길의 양쪽에 처음부터 끝까지 심습니다.

해결 전략 단순화하여 길이가 10 m, 15 m인 길의 한쪽에 심을 때 필요한 나무 수를 구한 후 규칙을 찾아 해결합니다.

풀이 ❶ 10 m, 15 m인 길의 한쪽에 필요한 나무는 각각 몇 그루인지 구하기

10 m인 길일 때

5 m 5 m

(간격 수)=10÷5=☐(군데)

(필요한 나무 수)

=☐+1=☐(그루)

15 m인 길일 때

5 m 5 m 5 m

(간격 수)=15÷5=☐(군데)

(필요한 나무 수)

=☐+1=☐(그루)

➡ 규칙을 찾으면 (필요한 나무 수)=(간격 수)+☐입니다.

❷ 900 m인 길의 한쪽에 필요한 나무는 몇 그루인지 구하기

(간격 수)=(길의 길이)÷(간격)=900÷5=☐(군데)

➡ (길의 한쪽에 필요한 나무 수)=☐+☐=☐(그루)

❸ 900 m인 길의 양쪽에 필요한 나무는 모두 몇 그루인지 구하기

(길의 한쪽에 필요한 나무 수)×2=☐×2=☐(그루)

답 ☐그루

바른답 • 알찬풀이 11쪽

2

오른쪽 그림과 같이 정사각형 모양의 게시판 가장자리에 ♡ 모양의 붙임 딱지를 붙여 꾸미려고 합니다. 한 변에 30개씩 붙인다면 필요한 ♡ 모양의 붙임 딱지는 몇 개입니까?

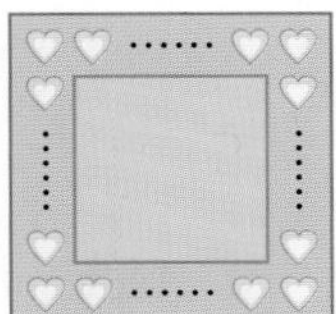

문제 분석 구하려는 것에 밑줄을 긋고 주어진 조건을 정리해 보시오.

- 게시판의 모양: □ 모양
- 한 변에 붙이는 ♡ 모양의 붙임 딱지의 수: □개

해결 전략 단순화하여 한 변에 3개씩, 4개씩 붙일 때 필요한 ♡ 모양의 붙임 딱지의 수를 구한 후 규칙을 찾아 해결합니다.

풀이

❶ 한 변에 3개씩, 4개씩 붙일 때 필요한 ♡ 모양의 붙임 딱지는 각각 몇 개인지 구하기

한 변에 3개씩 붙일 때

$2\times4=$ □(개)

한 변에 4개씩 붙일 때

$3\times4=$ □(개)

➡ (한 변에 붙이는 ♡ 모양의 붙임 딱지의 수)-1을 구한 후 그 값에 □를 곱하여 필요한 ♡ 모양의 붙임 딱지의 수를 구할 수 있습니다.

❷ 한 변에 30개씩 붙일 때 필요한 ♡ 모양의 붙임 딱지는 몇 개인지 구하기

(한 변에 붙이는 ♡ 모양의 붙임 딱지의 수)$-1=$ □ $-1=$ □(개)

➡ (필요한 ♡ 모양의 붙임 딱지의 수)$=$ □ $\times$ □ $=$ □(개)

답  □개

단순화하여 해결하기

1 다음 두 수의 곱이 큰 것부터 차례로 기호를 쓰시오.

㉠ 5987×112 ㉡ 5025×207 ㉢ 4865×304

1 ㉠, ㉡, ㉢을 (몇천)×(몇백)으로 어림하여 곱 구하기

㉠ 5987×112 ➡ $6000 \times 100 = \square$

㉡ 5025×207 ➡ $5000 \times 200 = \square$

㉢ 4865×304 ➡ $5000 \times 300 = \square$

2 두 수의 곱이 큰 것부터 차례로 기호 쓰기

2 원 모양의 연못 주변으로 산책로가 있습니다. 길이가 360 m인 산책로에 15 m 간격으로 의자를 놓는다면 필요한 의자는 몇 개입니까? (단, 의자의 길이는 생각하지 않습니다.)

1 30 m, 45 m인 산책로에 의자를 놓을 때 필요한 의자는 각각 몇 개인지 구하기

30 m인 산책로에 의자를 놓을 때

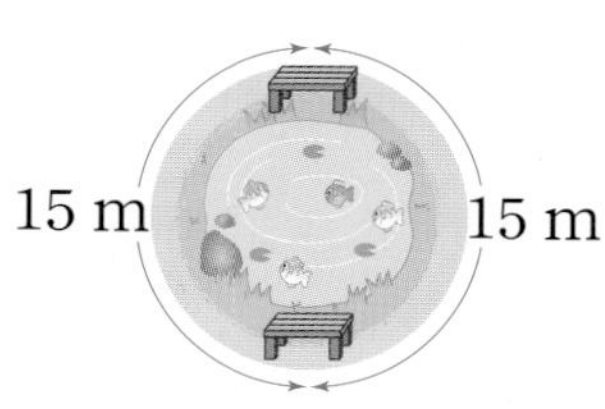

(필요한 의자 수)$= \square \div 15 = \square$(개)

45 m인 산책로에 의자를 놓을 때

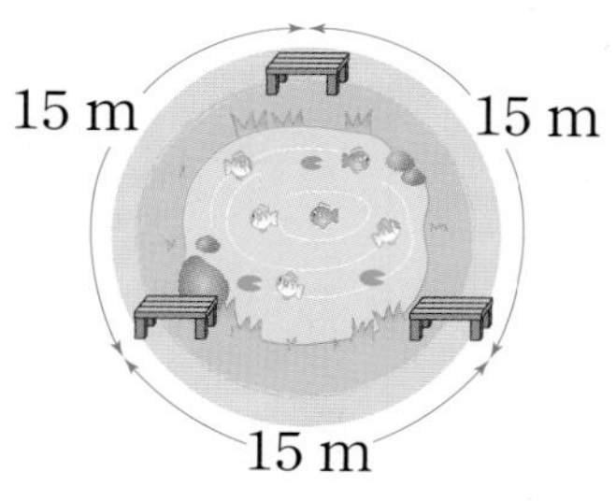

(필요한 의자 수)$= \square \div 15 = \square$(개)

2 360 m인 산책로에 의자를 놓을 때 필요한 의자는 몇 개인지 구하기

바른답 • 알찬풀이 11쪽

3 재호가 말하는 자연수는 모두 몇 개인지 구하시오.

재호

❶ 19보다 크고 30보다 작은 자연수는 모두 몇 개인지 구하기

❷ 1999999999보다 크고 30억보다 작은 자연수는 모두 몇 개인지 구하기

4 ㉠과 ㉡을 계산한 결과의 차는 얼마인지 구하시오.

㉠ 203+206+209+212+215+218+221+224+227+230
㉡ 102+105+108+111+114+117+120+123+126+129

❶ ㉠에서 203과 ㉡에서 102의 차 구하기

❷ ㉠에서 (203+206)과 ㉡에서 (102+105)의 차 구하기

❸ ㉠에서 (203+206+209)와 ㉡에서 (102+105+108)의 차 구하기

❹ ㉠과 ㉡을 계산한 결과의 차 구하기

단순화하여 해결하기

5 7을 101번 곱했을 때 곱의 일의 자리 숫자는 얼마인지 구하시오.

7
$7\times7=49$
$7\times7\times7=343$
$7\times7\times7\times7=2401$
$7\times7\times7\times7\times7=16807$

❶ 7을 6번, 7번, 8번 곱했을 때의 곱의 일의 자리 숫자를 차례로 구하기

❷ 곱의 일의 자리 숫자가 반복되는 규칙 찾기

❸ 7을 101번 곱했을 때 곱의 일의 자리 숫자 구하기

6 공장에서 쇠 파이프를 일정한 간격으로 자르는 기계가 있습니다. 이 기계가 쇠 파이프를 한 번 자르는 데 4초가 걸립니다. 길이가 30 m인 쇠 파이프를 75 cm 간격으로 자르는 데 걸리는 시간은 몇 초입니까?

❶ 길이가 150 cm와 225 cm인 쇠 파이프를 75 cm 간격으로 자르는 데 걸리는 시간은 각각 몇 초인지 구하기

❷ 자른 쇠 파이프의 도막 수와 자르는 횟수 사이의 관계 구하기

❸ 길이가 30 m인 쇠 파이프를 75 cm 간격으로 자르는 데 걸리는 시간은 몇 초인지 구하기

바른답 • 알찬풀이 12쪽

7 오른쪽 그림과 같은 모양의 공원에 같은 간격으로 가로등을 설치하려고 합니다. 한 변에 가로등이 43개가 되도록 설치하려면 필요한 가로등은 몇 개입니까? (단, 꼭짓점 부분에는 반드시 가로등을 설치하고 가로등의 두께는 생각하지 않습니다.)

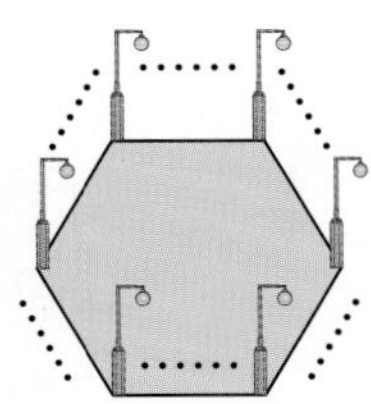

8 나눗셈의 몫이 작은 것부터 차례로 기호를 쓰시오.

㉠ $912 \div 37$ ㉡ $496 \div 11$ ㉢ $694 \div 18$

9 한 변이 60 m인 정사각형 모양의 땅이 있습니다. 이 땅의 한 꼭짓점의 위치부터 가장자리에 1 m 간격으로 화분을 놓으려고 합니다. 필요한 화분은 몇 개입니까? (단, 화분의 두께는 생각하지 않습니다.)

수·연산 마무리하기 1회

식을 만들어 해결하기

1 야구공 538개를 한 상자에 60개씩 최대한 많은 상자에 나누어 담고 남은 야구공을 한 바구니에 12개씩 나누어 담았습니다. 상자와 바구니에 담고 남은 야구공은 몇 개인지 구하시오.

조건을 따져 해결하기

2 521700000원을 100만 원짜리 수표와 10만 원짜리 수표로 모두 바꾸려고 합니다. 수표의 수를 가장 적게 하여 바꾼다고 할 때 수표는 모두 몇 장인지 구하시오.

식을 만들어 해결하기

3 수진이는 한 개에 400원인 사탕 24개와 한 개에 550원인 초콜릿 32개를 사고 30000원을 냈습니다. 수진이가 받아야 할 거스름돈은 얼마인지 구하시오.

바른답 • 알찬풀이 13쪽

조건을 따져 해결하기

4 6장의 수 카드를 두 번씩 모두 사용하여 십만의 자리 숫자가 8, 백억의 자리 숫자와 천의 자리 숫자의 합이 4인 수를 만들려고 합니다. 만들 수 있는 수 중 두 번째로 큰 수를 구하시오.

예상과 확인으로 해결하기

5 ㉠, ㉡, ㉢, ㉣, ㉤, ㉥에 알맞은 수를 구하시오.

		㉠	7	5
	×		4	㉡
	1	9	㉢	5
1	㉣	0	0	
1	㉤	9	㉥	5

표를 만들어 해결하기

6 정민이는 500원짜리 동전과 100원짜리 동전을 합하여 14개 가지고 있습니다. 가지고 있는 동전의 금액의 합이 5800원일 때 500원짜리 동전과 100원짜리 동전은 각각 몇 개인지 구하시오.

식을 만들어 해결하기

7 선생님께서 붙임 딱지를 한 모둠에 75개씩 12모둠에게 나누어 주었더니 3개가 남았습니다. 이 붙임 딱지를 한 모둠에 56개씩 나누어 준다면 몇 모둠에게 나누어 줄 수 있고, 남는 붙임 딱지는 몇 개인지 구하시오.

거꾸로 풀어 해결하기

8 어떤 수에서 200억씩 커지도록 5번 뛰어 센 수가 5549억입니다. 어떤 수는 얼마인지 구하시오.

바른답 • 알찬풀이 13쪽

표를 만들어 해결하기

9 보경이는 올해 1월부터 매월 5000원씩, 보영이는 5월부터 매월 9000원씩 저금을 하고 있습니다. 두 사람의 저금액이 같아지는 때는 몇 월까지 저금을 했을 때인지 구하시오.

단순화하여 해결하기

10 그림과 같은 삼각형 모양의 천의 가장자리에 ● 모양의 보석을 붙여 꾸미려고 합니다. 한 변에 96개씩 붙인다면 필요한 ● 모양의 보석은 몇 개입니까?

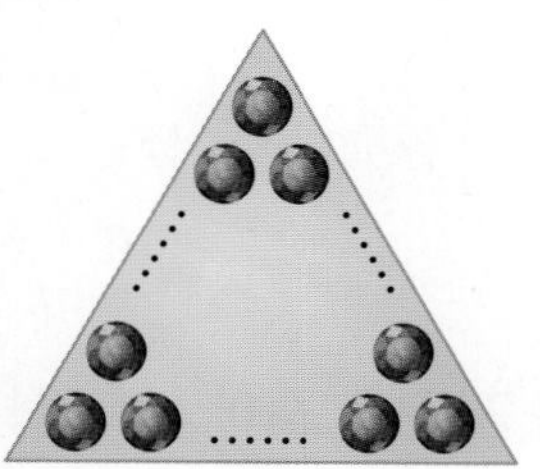

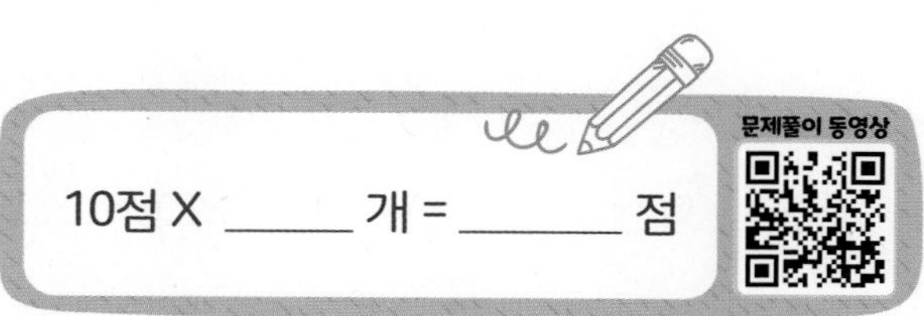

수·연산 마무리하기 2회

1 874에 어떤 수를 곱해야 할 것을 잘못하여 어떤 수로 나누었더니 몫이 17이고 나머지가 41이었습니다. 바르게 계산하면 얼마입니까?

2 재현이는 750원짜리 공책 3권과 900원짜리 볼펜 몇 자루를 샀습니다. 10000원을 내고 거스름돈으로 5050원을 거슬러 받았다면 재현이는 볼펜을 몇 자루 산 것입니까?

3 □ 안에 들어갈 수 있는 자연수 중에서 가장 큰 수를 구하시오.

$$988 > 12 \times \square$$

바른답 • 알찬풀이 15쪽

4 보기는 고대 이집트 사람들이 사물의 모양을 본떠 만든 상형문자입니다. 지혜가 말하는 조건에 알맞은 수를 구하고, 보기의 상형문자로 나타낼 때 사용하지 않는 상형문자는 모두 몇 개인지 구하시오. (단, 한 문자를 9개까지만 사용할 수 있습니다.)

보기

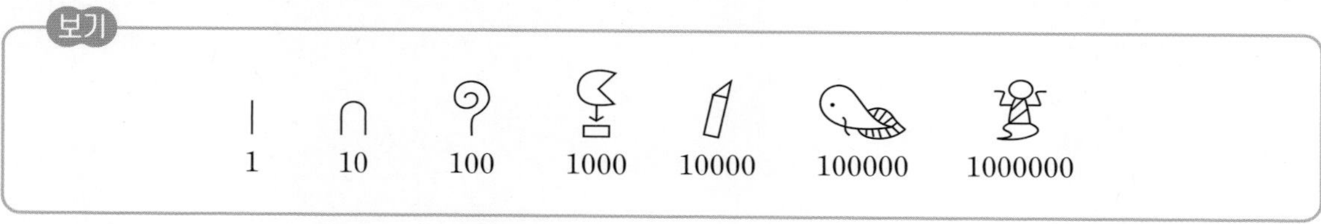

345999보다 크고
삼십사만 육천십보다 작아요.
일의 자리 숫자는 7이에요.

지혜

5 문구점에 한 상자에 102장씩 들어 있는 색종이가 10상자 있었습니다. 그중 45장이 찢어져서 버리고 남은 색종이를 한 봉지에 25장씩 다시 담았습니다. 한 봉지에 850원을 받고 모두 팔았다면 색종이를 판 돈은 얼마입니까?

6 ■는 ★보다 6 큰 수이고 두 수의 곱은 720입니다. ■와 ★을 각각 구하시오.

7 다음은 각 자리 숫자의 합이 22이고 천의 자리 숫자가 십만의 자리 숫자의 3배인 여섯 자리 수입니다. 이 여섯 자리 수를 구하시오.

♥3◆281

8 원 모양의 연못 주변에 35 m 간격으로 나무를 심었더니 첫 번째 나무와 11번째 나무가 마주 보게 되었습니다. 나무를 심은 곳의 전체 거리는 몇 m입니까? (단, 나무의 두께는 생각하지 않습니다.)

9 선생님께서 지우개를 35개 사려고 합니다. 문구점에서 지우개 한 개는 300원에 팔고 있고, 한 묶음에 3개씩 포장되어 있는 것은 750원에 팔고 있습니다. 선생님께서 지우개를 살 때 가장 많이 드는 금액과 가장 적게 드는 금액의 차는 얼마입니까?

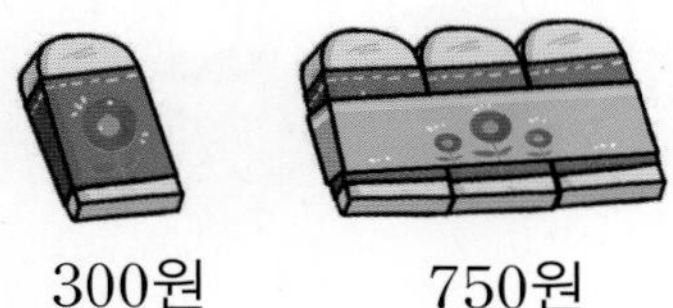

300원 750원

10 빈 유리병을 반납하면 보증금을 받을 수 있습니다. 빈 유리병 ㉮ 2개와 빈 유리병 ㉯ 3개를 반납하면 710원을 받을 수 있고, 빈 유리병 ㉮ 2개와 빈 유리병 ㉯ 2개를 반납하면 560원을 받을 수 있습니다. 빈 유리병 ㉮ 1개와 빈 유리병 ㉯ 1개를 반납했을 때 받을 수 있는 돈은 각각 얼마인지 구하시오.

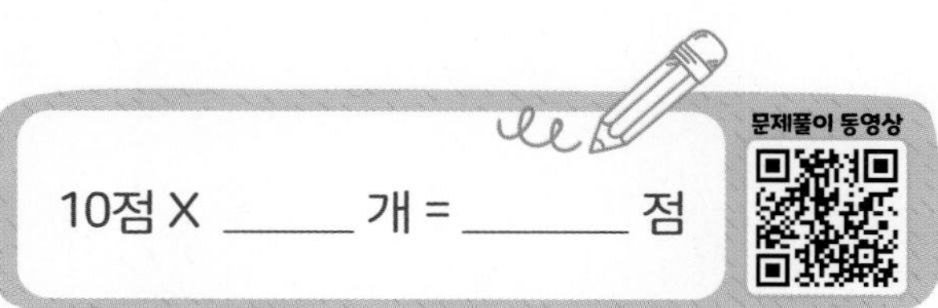

2장 도형·측정

3-2

- 원
- 들이와 무게

4-1

- **각도**

  예각, 직각, 둔각
  각도의 합과 차
  삼각형의 세 각의 크기의 합
  사각형의 네 각의 크기의 합

- **평면도형의 이동**

  평면도형을 밀기 / 뒤집기 / 돌리기
  무늬 꾸미기

4-2

- 삼각형
- 사각형
- 다각형

“학습 계획 세우기”

	익히기	적용하기	
식을 만들어 해결하기	58~59쪽 월 일	60~61쪽 월 일	62~63쪽 월 일
그림을 그려 해결하기	64~65쪽 월 일	66~67쪽 월 일	68~69쪽 월 일
조건을 따져 해결하기	70~71쪽 월 일	72~73쪽 월 일	74~75쪽 월 일
단순화하여 해결하기	76~77쪽 월 일	78~79쪽 월 일	80~81쪽 월 일

마무리 1회	마무리 2회
82~85쪽 월 일	86~89쪽 월 일

도형·측정 시작하기

1 시계의 긴바늘과 짧은바늘이 이루는 작은 쪽의 각이 예각인 것을 찾아 기호를 쓰시오.

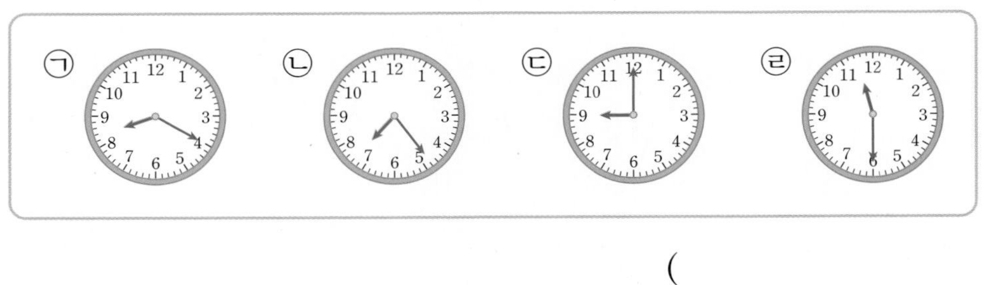

( )

2 두 각도의 합과 차를 각각 구하시오.

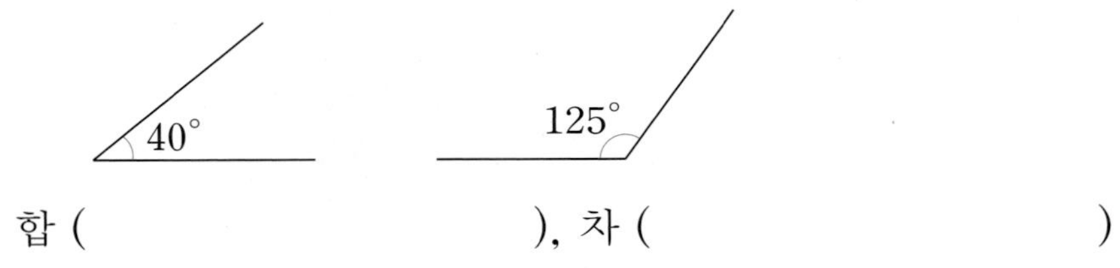

합 ( ), 차 ( )

3 □ 안에 알맞은 수를 써넣으시오.

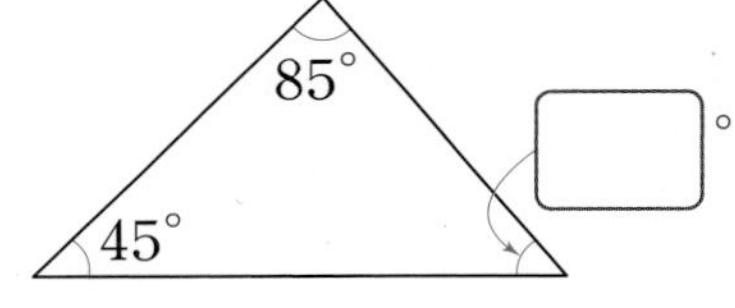

4 ㉠과 ㉡의 각도의 합을 구하시오.

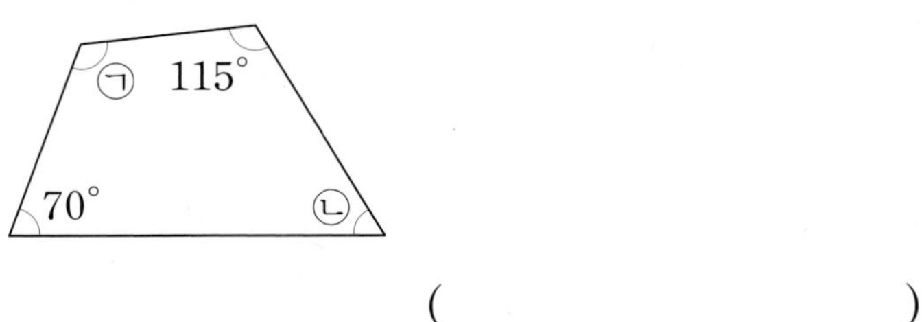

( )

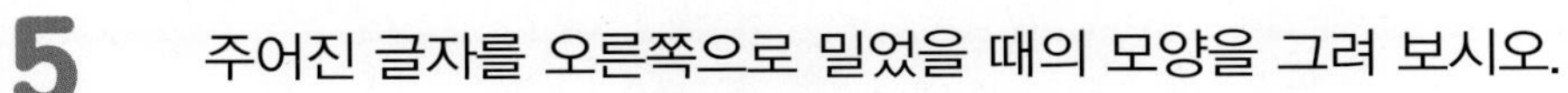

5 주어진 글자를 오른쪽으로 밀었을 때의 모양을 그려 보시오.

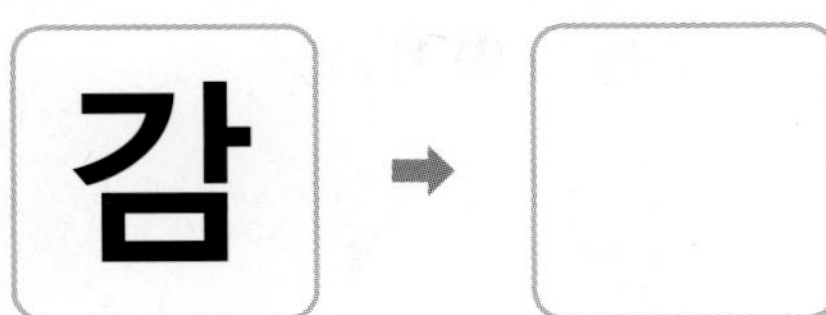

6 처음 도형을 뒤집은 도형이 오른쪽 도형과 같았습니다. 어떻게 뒤집은 것인지 모두 찾아 기호를 쓰시오.

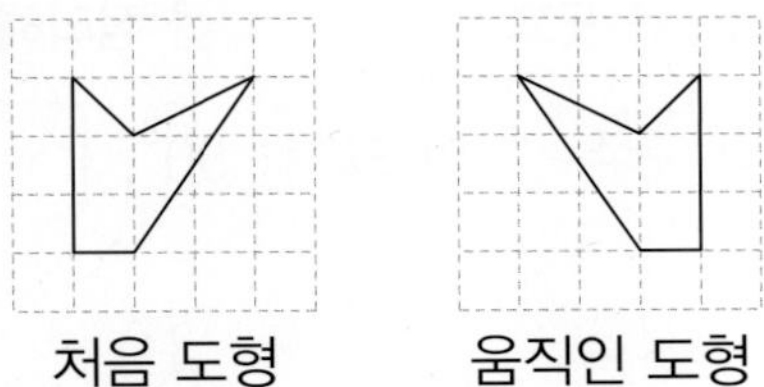

처음 도형 움직인 도형

㉠ 오른쪽으로 뒤집기	㉡ 왼쪽으로 뒤집기
㉢ 아래쪽으로 뒤집기	㉣ 위쪽으로 뒤집기

( )

7 연수가 모양 조각을 돌리기 하였습니다. 어느 방향으로 얼마만큼 돌렸는지 □ 안에 알맞은 수를 써넣으시오.

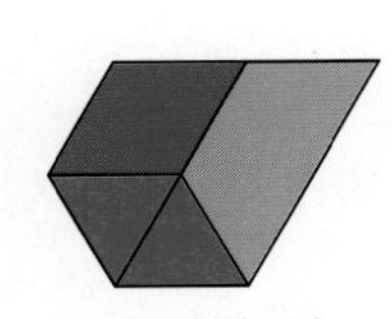

돌리기 전

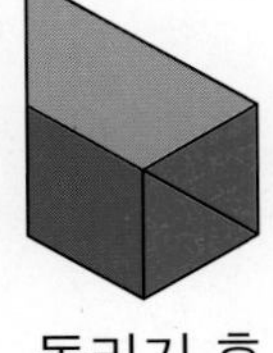

돌리기 후

연수는 시계 반대 방향으로 □°만큼 돌리기 했습니다.

8 도형을 오른쪽으로 뒤집고 시계 방향으로 180°만큼 돌렸을 때의 도형을 각각 그려 보시오.

식을 만들어 해결하기

1 다음 그림에서 ㉠의 각도를 구하시오.

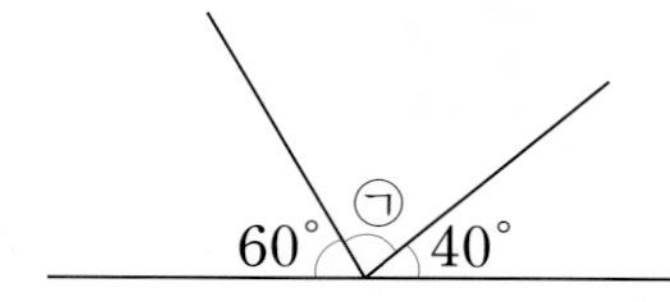

문제 분석 구하려는 것에 밑줄을 긋고 주어진 조건을 정리해 보시오.

직선을 나눈 각 중 두 각의 크기: 60°, □°

해결 전략 직선은 □°임을 이용하여 식을 만들어 ㉠의 각도를 구합니다.

풀이

❶ 직선을 나눈 세 각의 크기의 합을 구하는 식 세우기

$60° + ㉠ + 40° = □°$

❷ ㉠의 각도는 몇 도인지 구하기

$㉠ = □° - 60° - 40°$

$= □° - 40°$

$= □°$

답 □°

바른답 • 알찬풀이 17쪽

2

오른쪽 그림에서 삼각형 ㄱㄴㄷ은 직각삼각형입니다. 각 ㄹㄴㄷ의 크기를 구하시오.

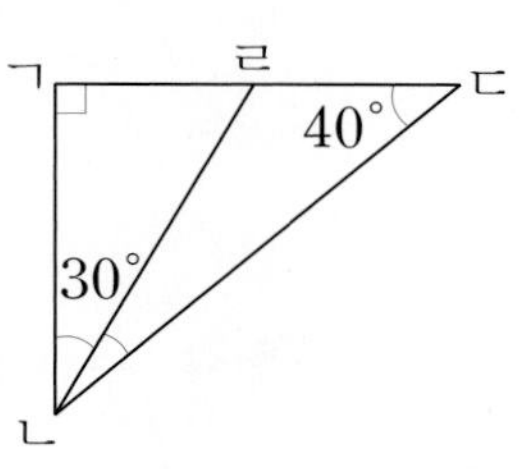

문제 분석 구하려는 것에 밑줄을 긋고 주어진 조건을 정리해 보시오.

- 삼각형 ㄱㄴㄷ의 모양: 직각삼각형
- 각 ㄱㄴㄹ의 크기: □°
- 각 ㄱㄷㄴ의 크기: □°

해결 전략 삼각형의 세 각의 크기의 합은 □°임을 이용하여 식을 만들어 각 ㄹㄴㄷ의 크기를 구합니다.

풀이

① 각 ㄱㄴㄷ의 크기는 몇 도인지 구하기

(각 ㄱㄴㄷ)+(각 ㄱㄷㄴ)+(각 ㄴㄱㄷ)=□°

➡ (각 ㄱㄴㄷ)=□°−(각 ㄱㄷㄴ)−(각 ㄴㄱㄷ)

=□°−□°−□°=□°

② 각 ㄹㄴㄷ의 크기는 몇 도인지 구하기

(각 ㄹㄴㄷ)=(각 ㄱㄴㄷ)−(각 ㄱㄴㄹ)

=□°−□°=□°

답  □°

식을 만들어 해결하기

1 오른쪽 그림과 같이 각 ㄱㅇㄴ을 9등분 하였을 때 각 ㄷㅇㄹ의 크기를 구하시오.

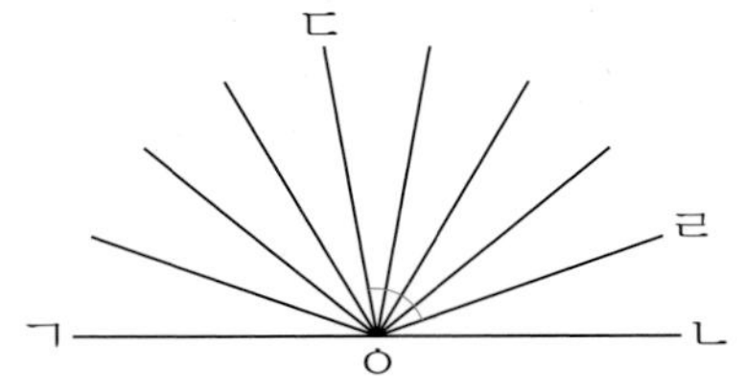

❶ 각 ㄱㅇㄴ을 9등분 하면 한 각의 크기는 몇 도인지 구하기

❷ 각 ㄷㅇㄹ의 크기는 몇 도인지 구하기

2 시계의 긴바늘과 짧은바늘이 이루는 작은 쪽의 각도가 가장 큰 시계와 가장 작은 시계를 각각 찾아 두 각도의 합과 차를 구하시오.

가  나  다 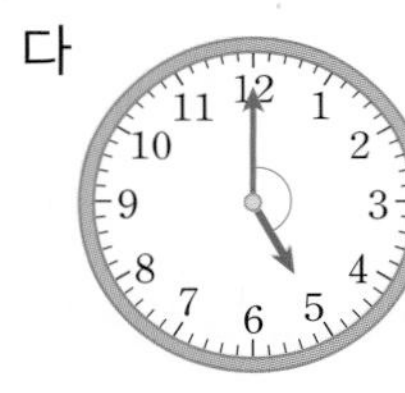 라 

❶ 긴바늘과 짧은바늘이 이루는 작은 쪽의 각도가 가장 큰 시계를 찾고 각도는 몇 도인지 구하기

❷ 긴바늘과 짧은바늘이 이루는 작은 쪽의 각도가 가장 작은 시계를 찾고 각도는 몇 도인지 구하기

❸ ❶과 ❷에서 구한 두 각도의 합과 차 구하기

바른답 • 알찬풀이 17쪽

3 오른쪽 그림에서 각 ㄱㄴㄷ의 크기를 구하시오.

❶ **각 ㄱㄷㄴ의 크기는 몇 도인지 구하기**

❷ **각 ㄱㄴㄷ의 크기는 몇 도인지 구하기**

4 세 자리 수가 적힌 카드를 아래쪽과 오른쪽으로 각각 뒤집었을 때 만들어지는 두 수의 합을 구하시오.

❶ **카드를 아래쪽과 오른쪽으로 각각 뒤집었을 때 만들어지는 수 그리기**

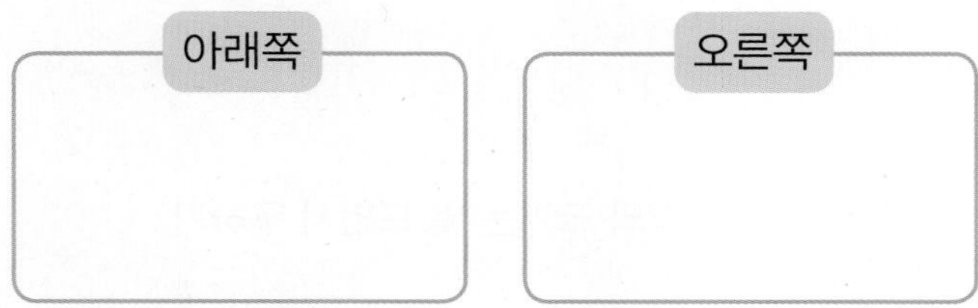

❷ **카드를 아래쪽과 오른쪽으로 뒤집었을 때 만들어지는 두 수의 합 구하기**

식을 만들어 해결하기

5 오른쪽 그림에서 각 ㄴㄷㅁ의 크기를 구하시오.

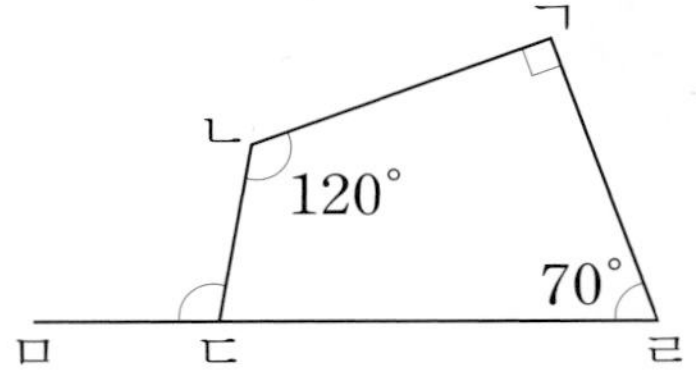

1 각 ㄴㄷㄹ의 크기는 몇 도인지 구하기

2 각 ㄴㄷㅁ의 크기는 몇 도인지 구하기

6 다음은 두 사각형 ㉠, ㉡의 네 각 중 세 각의 크기를 나타낸 것입니다. 나머지 한 각이 예각인 사각형의 기호를 쓰시오.

㉠ 95°, 40°, 140° ㉡ 70°, 65°, 130°

1 사각형 ㉠의 나머지 한 각의 크기는 몇 도인지 구하기

2 사각형 ㉡의 나머지 한 각의 크기는 몇 도인지 구하기

3 나머지 한 각이 예각인 사각형의 기호 쓰기

바른답 • 알찬풀이 18쪽

7 강우는 철봉에 거꾸로 매달려서 다음과 같이 세 자리 수가 적힌 수 카드를 보았습니다. 주어진 수와 거꾸로 매달려 보았을 때의 수의 차를 구하시오.

529

8 오른쪽 그림에서 각 ㅂㅇㅁ의 크기를 구하시오.

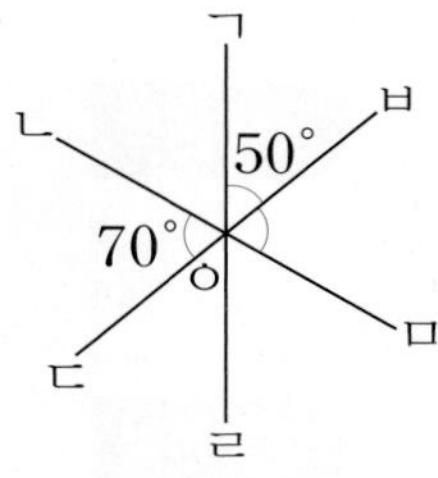

9 태현이와 현애는 철사를 사용하여 다음과 같은 삼각형과 사각형을 각각 만들었습니다. ㉠과 ㉡의 각도의 합과 차를 구하시오.

태현

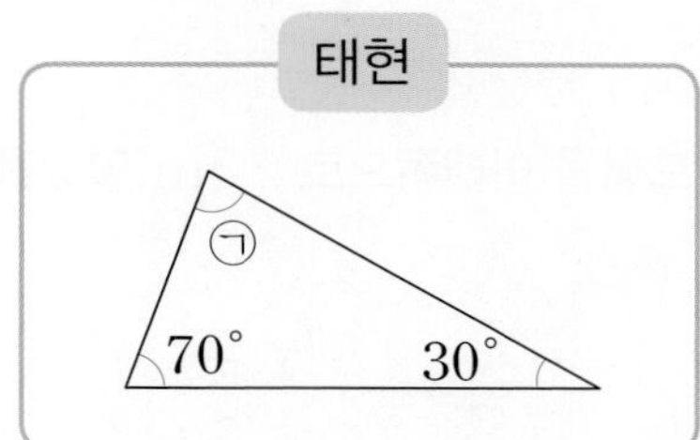

현애

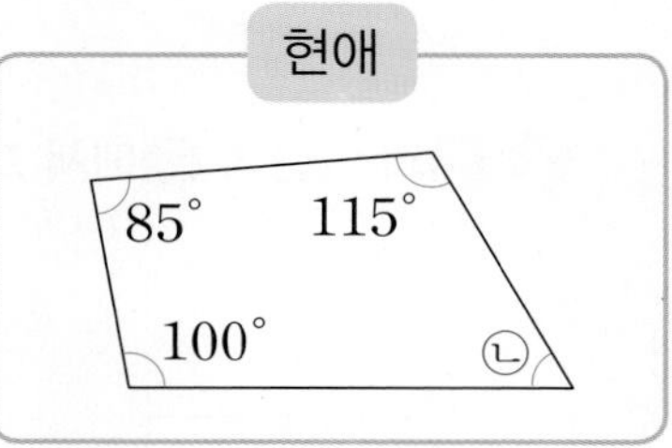

그림을 그려 해결하기

1 주어진 도형을 오른쪽으로 5 cm 민 후 아래쪽으로 2 cm 밀었을 때의 도형을 그려 보시오. (단, 모눈 한 칸의 한 변의 길이는 1 cm로 모두 같습니다.)

문제 분석 구하려는 것에 밑줄을 긋고 주어진 조건을 정리해 보시오.

도형을 오른쪽으로 ☐ cm 밀기 ➡ 아래쪽으로 ☐ cm 밀기

해결 전략 도형을 밀어도 (모양은 , 위치는) 변하지 않고, (모양은 , 위치는) 바뀝니다.

풀이

❶ 주어진 도형을 오른쪽으로 5 cm 밀었을 때의 도형 그리기

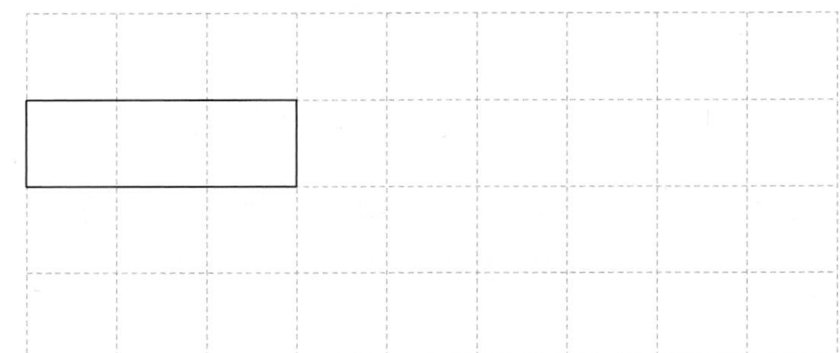

❷ ❶의 그림에 ❶에서 그린 도형을 아래쪽으로 2 cm 밀었을 때의 도형 그리기

답

바른답 • 알찬풀이 19쪽

2

수진이의 등교 시각은 오전 8시 20분이고 하교 시각은 오후 3시 30분입니다. 등교 시각과 하교 시각 중 시계에서 긴바늘과 짧은바늘이 이루는 작은 쪽의 각이 예각인 때는 언제입니까?

문제 분석 구하려는 것에 밑줄을 긋고 주어진 조건을 정리해 보시오.

• 등교 시각: 오전 ☐시 ☐분

• 하교 시각: 오후 ☐시 ☐분

해결 전략 시계에 8시 ☐분과 ☐시 ☐분에 맞게 시곗바늘을 그려 긴바늘과 짧은바늘이 이루는 작은 쪽의 각이 예각인 때를 찾습니다.

풀이

❶ 시계에 등교 시각 나타내기

시계의 긴바늘과 짧은바늘이 이루는 작은 쪽의 각은 각도가 직각보다 크고 ☐°보다 작은 각이므로 (예각 , 둔각)입니다.

❷ 시계에 하교 시각 나타내기

시계의 긴바늘과 짧은바늘이 이루는 작은 쪽의 각은 각도가 ☐°보다 크고 직각보다 작은 각이므로 (예각 , 둔각)입니다.

❸ 시계의 긴바늘과 짧은바늘이 이루는 작은 쪽의 각이 예각인 때 구하기

등교 시각과 하교 시각 중 시계의 긴바늘과 짧은바늘이 이루는 작은 쪽의 각이 예각인 때는 ☐ 시각입니다.

답 ☐ 시각

그림을 그려 해결하기

1 시계의 긴바늘이 12를 가리킬 때 긴바늘과 짧은바늘이 이루는 작은 쪽의 각이 둔각이 되는 때는 하루에 몇 번입니까?

❶ 긴바늘이 12를 가리킬 때의 시각을 시계에 모두 나타내기

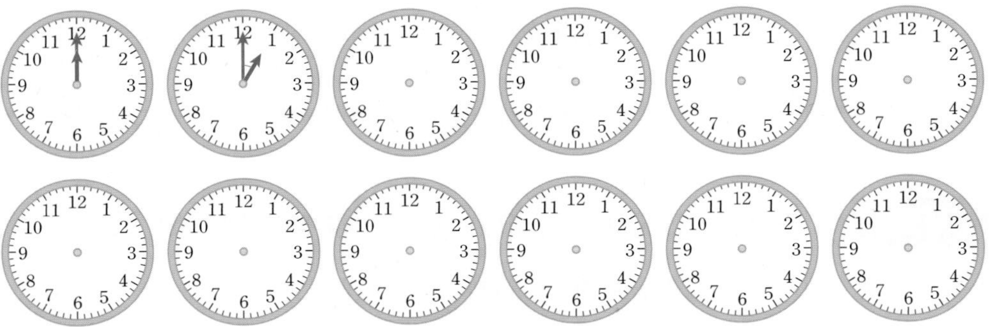

❷ 시계의 긴바늘과 짧은바늘이 이루는 작은 쪽의 각이 둔각이 되는 때는 하루에 몇 번인지 구하기

2 오른쪽 그림에서 각 ㄱㅁㄹ의 크기를 구하시오.

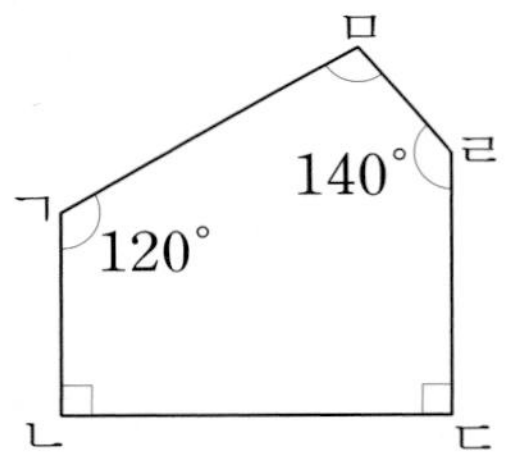

❶ 오른쪽 도형에 점 ㄱ에서 변 ㄷㄹ에 직각이 되도록 선을 긋고 그은 선과 변 ㄷㄹ이 만나는 점에 점 ㅂ을 표시하기

❷ 각 ㅁㄱㅂ의 크기는 몇 도인지 구하기

❸ 각 ㄱㅁㄹ의 크기는 몇 도인지 구하기

바른답 • 알찬풀이 19쪽

3 오른쪽 도형을 오른쪽으로 뒤집은 다음 시계 방향으로 180°만큼 돌렸을 때의 도형을 그려 보시오.

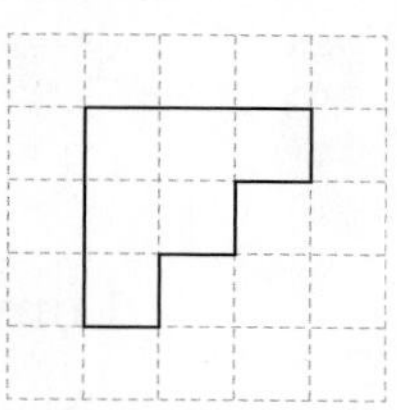

❶ 주어진 도형을 오른쪽으로 뒤집었을 때의 도형 그리기

❷ ❶의 도형을 시계 방향으로 180°만큼 돌렸을 때의 도형 그리기

4 오른쪽 글자를 시계 방향으로 90°만큼 2번 돌리고 위쪽으로 뒤집었을 때의 모양을 그려 보시오.

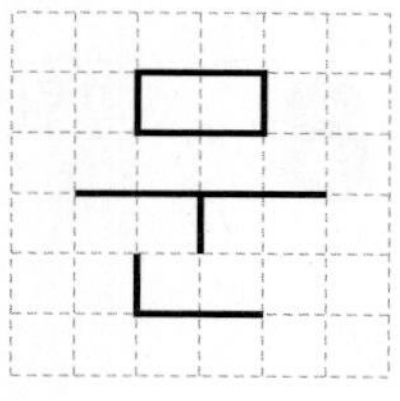

❶ 주어진 글자를 시계 방향으로 90°만큼 2번 돌렸을 때의 모양 그리기

❷ ❶의 모양을 위쪽으로 뒤집었을 때의 모양 그리기

그림을 그려 해결하기

5 도형을 오른쪽으로 7 cm 민 후 위쪽으로 1 cm 밀었을 때의 도형을 그려 보시오.

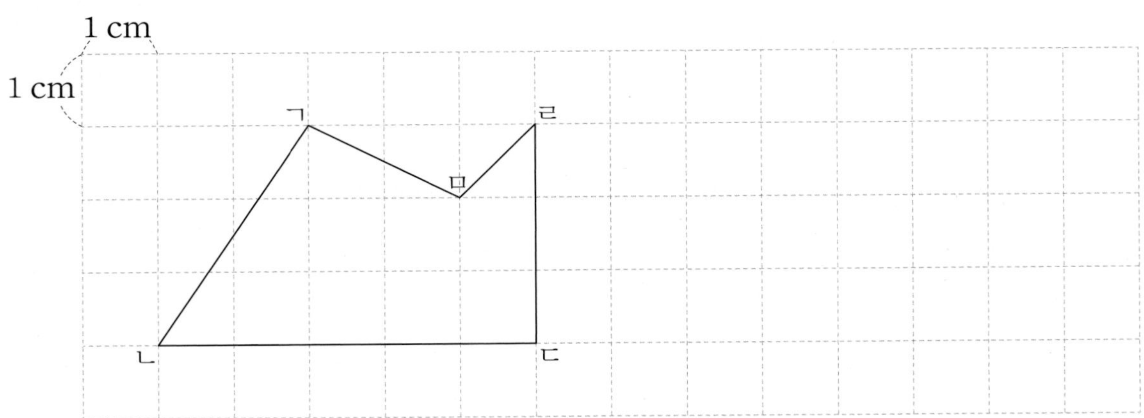

❶ 위 모눈종이에 꼭짓점 ㄱ, ㄴ, ㄷ, ㄹ, ㅁ을 각각 오른쪽으로 7 cm 민 뒤 위쪽으로 1 cm 밀어 이동시킨 점을 찾아 차례로 점 ㅂ, ㅅ, ㅇ, ㅈ, ㅊ으로 나타내기

❷ 위 모눈종이에 나타낸 점 ㅂ, ㅅ, ㅇ, ㅈ, ㅊ을 차례로 선분으로 이어 도형을 완성하기

6 그림에서 ㉮의 각도를 구하시오.

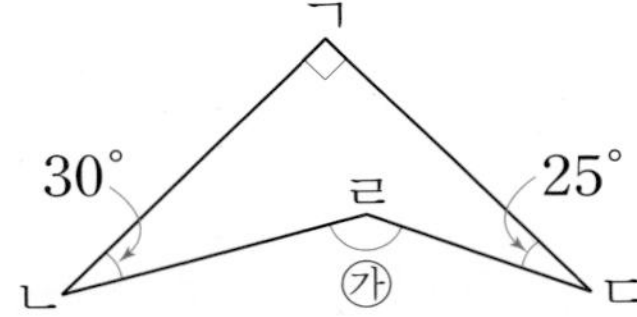

❶ 위 도형에 점 ㄴ과 점 ㄷ을 잇는 선 긋기

❷ 삼각형 ㄹㄴㄷ에서 ㉮의 각도를 뺀 나머지 두 각도의 합 구하기

❸ ㉮의 각도 구하기

바른답 • 알찬풀이 20쪽

7 미진이는 가족들과 영화를 보려고 합니다. 영화 시작 시각은 4시 25분이고, 영화 상영 시간은 80분입니다. 영화가 끝나는 시각을 시계에 나타낼 때 긴바늘과 짧은바늘이 이루는 작은 쪽의 각은 예각, 직각, 둔각 중 어느 것입니까?

8 왼쪽 모양을 시계 방향으로 90°만큼 돌려서 모양을 만든 후 오른쪽으로 밀어서 규칙적인 무늬를 만들어 보시오.

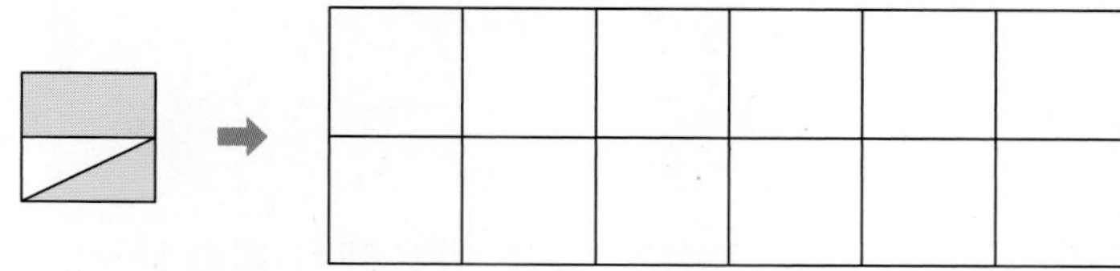

9 주어진 도형을 시계 반대 방향으로 90°만큼 돌리고 오른쪽으로 뒤집은 다음 아래쪽으로 뒤집었을 때의 도형을 그려 보시오.

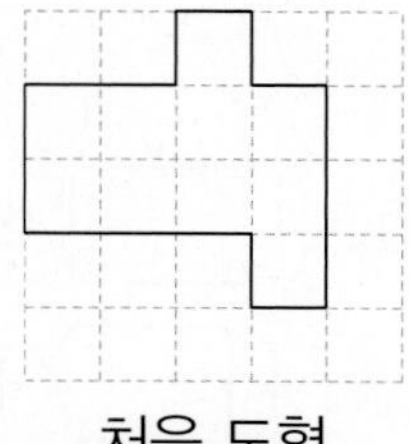
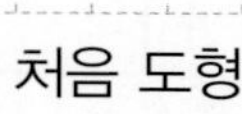
처음 도형

움직인 도형

조건을 따져 해결하기

1 서로 다른 직각 삼각자 2개로 그림과 같은 모양을 만들었습니다. ㉠의 각도를 구하시오.

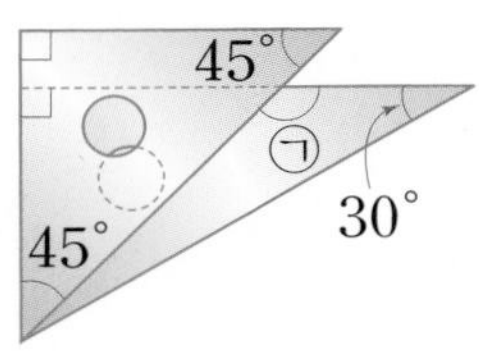

문제 분석 구하려는 것에 밑줄을 긋고 주어진 조건을 정리해 보시오.

서로 다른 직각 삼각자 ➡

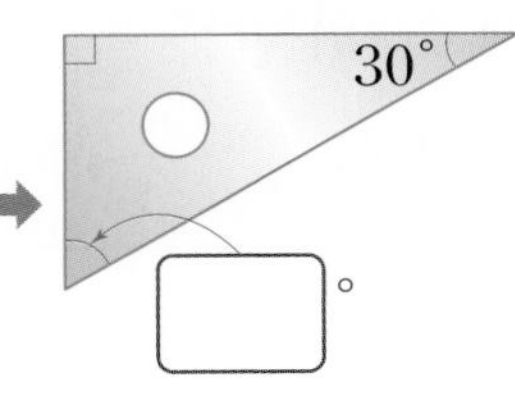

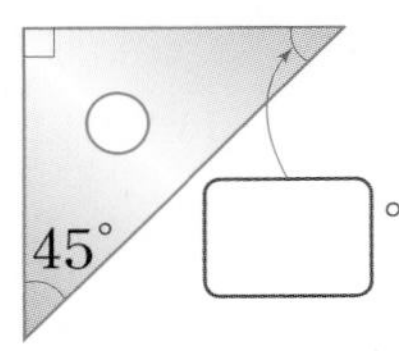

해결 전략

- 직각 삼각자의 주어진 각을 이용하여 필요한 각의 크기를 구합니다.
- 삼각형의 세 각의 크기의 합은 □°임을 이용하여 ㉠의 각도를 구합니다.

풀이

❶ 오른쪽 그림에서 ㉡의 각도는 몇 도인지 구하기

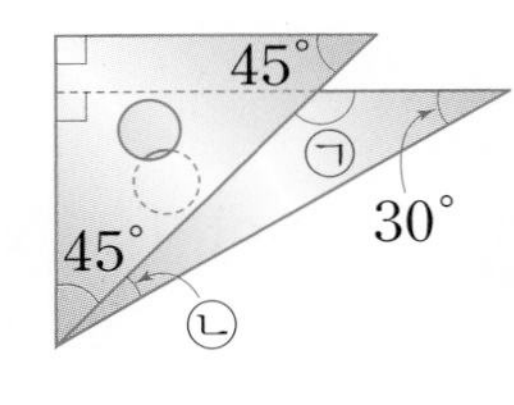

㉡$+45^\circ=$□°이므로

㉡$=$□°$-45^\circ=$□°입니다.

❷ ㉠의 각도는 몇 도인지 구하기

삼각형의 세 각의 크기의 합은 □°이므로

㉠$+$㉡$+30^\circ=$□°, ㉠$+$□°$+30^\circ=$□°입니다.

따라서 ㉠$+$□°$=180^\circ$, ㉠$=180^\circ-$□°$=$□°입니다.

답 □°

바른답 • 알찬풀이 21쪽

2

오른쪽과 같이 직사각형 모양의 종이를 접었을 때 각 ㄹㅂㅁ의 크기를 구하시오.

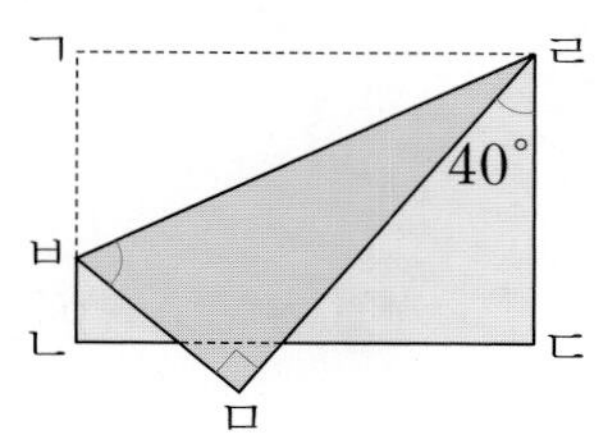

문제 분석 구하려는 것에 밑줄을 긋고 주어진 조건을 정리해 보시오.

• 사각형 ㄱㄴㄷㄹ: 직사각형

• 각 ㄷㄹㅁ의 크기: ☐°

해결 전략 접은 부분의 각의 크기는 (같으므로 , 다르므로) 조건을 따져 필요한 각의 크기를 구합니다.

풀이

❶ 각 ㅁㄹㅂ의 크기는 몇 도인지 구하기

(각 ㅁㄹㅂ)+(각 ㄱㄹㅂ)+40°=(각 ㄱㄹㄷ)=☐°이므로

(각 ㅁㄹㅂ)+(각 ㄱㄹㅂ)=☐°−40°=☐°입니다.

접은 부분의 각의 크기는 같으므로

(각 ㅁㄹㅂ)=(각 ㄱㄹㅂ)=☐°÷2=☐°입니다.

❷ 각 ㄹㅂㅁ의 크기는 몇 도인지 구하기

삼각형 ㄹㅁㅂ에서 (각 ㄹㅂㅁ)+90°+☐°=180°이므로

(각 ㄹㅂㅁ)+☐°=180°,

(각 ㄹㅂㅁ)=180°−☐°=☐°입니다.

답 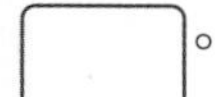 ☐°

조건을 따져 해결하기

1 오른쪽과 같이 직사각형 모양의 종이를 접었을 때 ㉠의 각도를 구하시오.

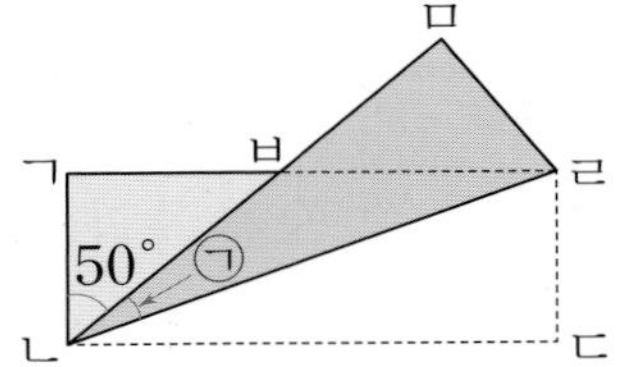

❶ 각 ㅁㄴㄷ의 크기는 몇 도인지 구하기

❷ ㉠의 각도는 몇 도인지 구하기

2 오른쪽과 같이 서로 다른 직각 삼각자 2개를 겹쳐 놓았을 때 ㉠의 각도를 구하시오.

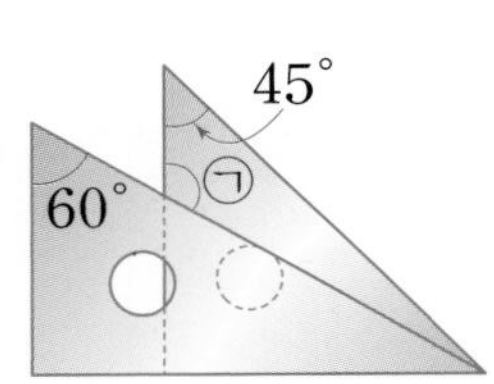

❶ 오른쪽 그림에서 ㉡의 각도는 몇 도인지 구하기

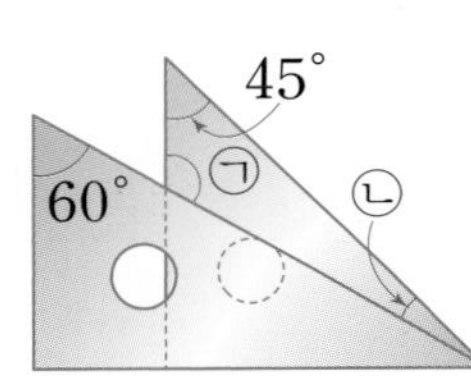

❷ ㉠의 각도는 몇 도인지 구하기

바른답 • 알찬풀이 21쪽

3

오른쪽 그림에서 ㉠과 ㉡의 각도를 각각 구하시오.

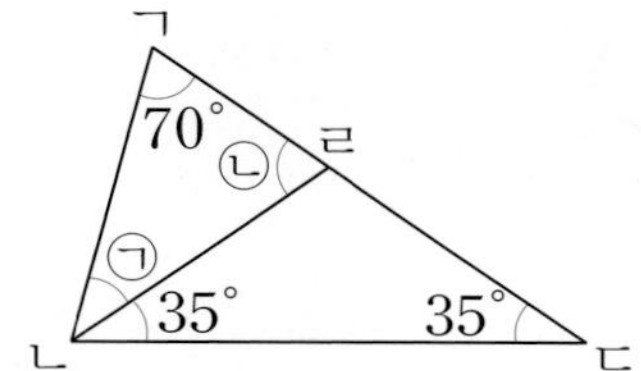

❶ ㉠의 각도는 몇 도인지 구하기

❷ ㉡의 각도는 몇 도인지 구하기

4

오른쪽 삼각형에서 ㉡의 각도는 ㉠의 각도보다 20°만큼 더 크고 ㉢의 각도는 ㉠의 각도보다 25°만큼 더 큽니다. ㉠, ㉡, ㉢의 각도를 각각 구하시오.

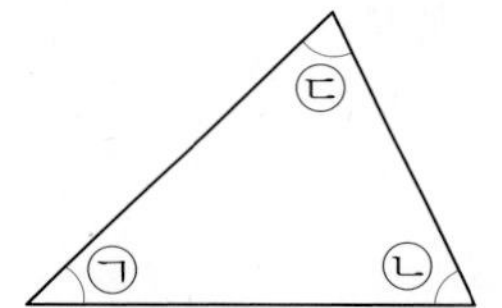

❶ 각 ㉠, ㉡, ㉢의 관계 나타내기

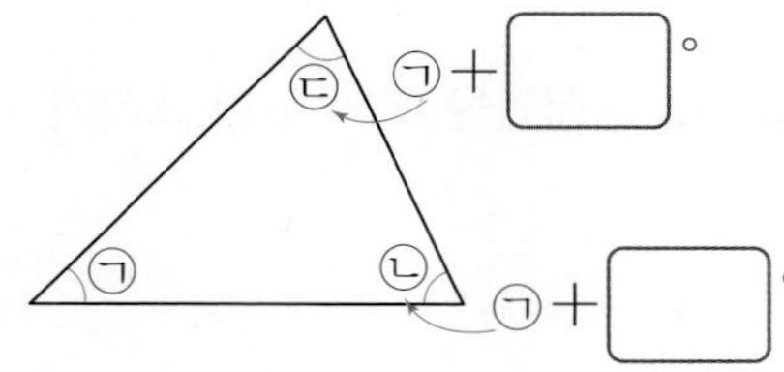

❷ ㉠의 각도는 몇 도인지 구하기

❸ ㉡, ㉢의 각도는 각각 몇 도인지 구하기

조건을 따져 해결하기

5 도형을 아래쪽으로 뒤집었을 때의 도형이 처음 도형과 같은 것을 찾아 기호를 쓰시오.

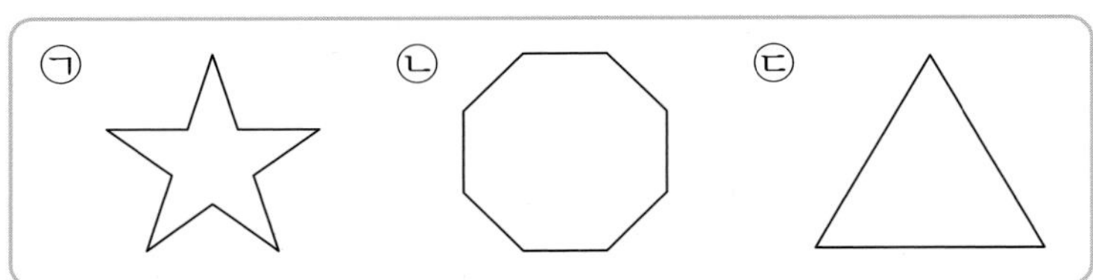

❶ 주어진 도형을 아래쪽으로 각각 뒤집었을 때의 도형 그리기

❷ 도형을 아래쪽으로 뒤집었을 때의 도형이 처음 도형과 같은 것의 기호 쓰기

6 처음 도형을 움직인 방법을 설명하시오.

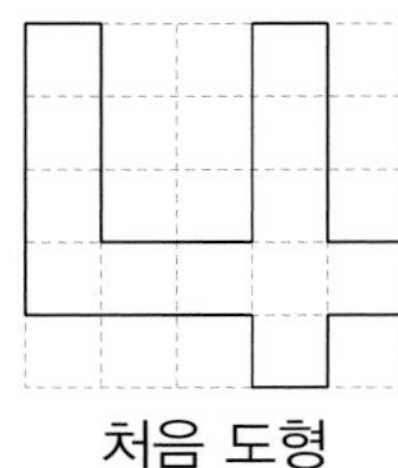
처음 도형

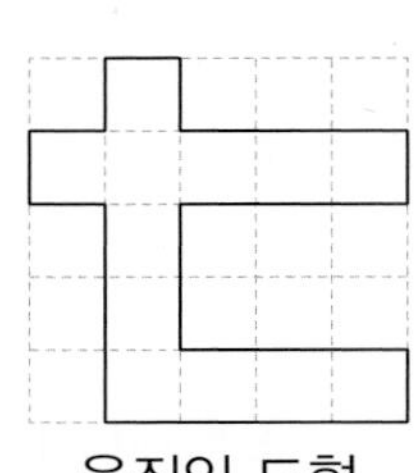
움직인 도형

❶ 처음 도형을 위쪽으로 뒤집었을 때의 도형 그리기

❷ ❶의 도형을 어떻게 움직여야 움직인 도형과 같아지는지 쓰기

시계 반대 방향으로 [ ]°만큼 돌리면 움직인 도형과 같아집니다.

❸ 처음 도형을 움직인 방법 설명하기

바른답 • 알찬풀이 22쪽

7 오른쪽 그림에서 ㉠과 ㉡의 각도의 차를 구하시오.

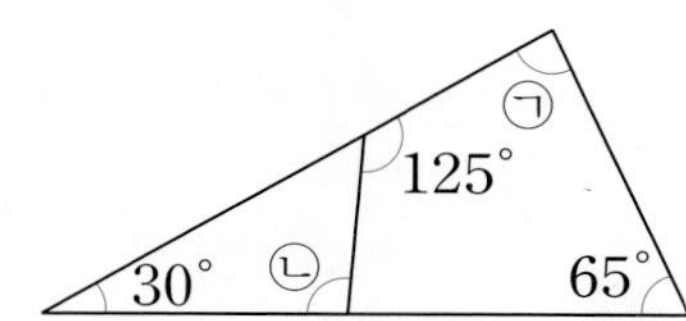

8 가 도형을 어떻게 움직여서 나 도형이 되었는지 알맞은 것을 찾아 기호를 쓰시오.

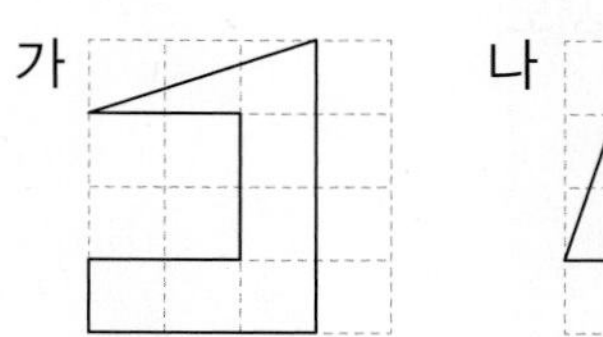

㉠ 가 도형을 시계 방향으로 270°만큼 돌리고 위쪽으로 뒤집었습니다.

㉡ 가 도형을 위쪽으로 뒤집고 시계 방향으로 270°만큼 돌렸습니다.

9 진우는 미술 시간에 종이띠로 여러 가지 모양을 만드는 활동을 했습니다. 진우가 직사각형 모양의 종이띠를 그림과 같이 접었을 때 ㉠의 각도를 구하시오.

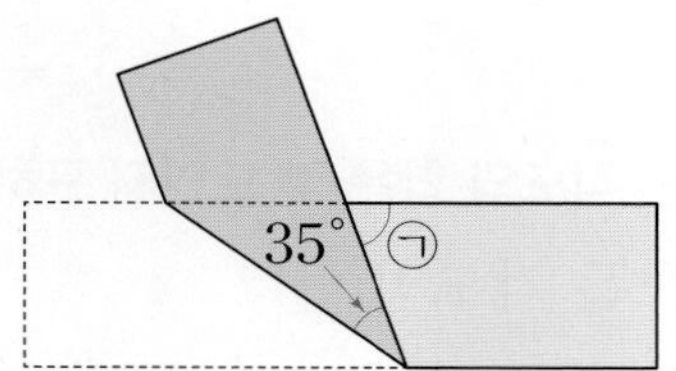

단순화하여 해결하기

1

학교 앞에 그림과 같은 정팔각형 모양의 표지판이 있습니다. 표지판 모양에 표시된 모든 각도의 합은 몇 도입니까?

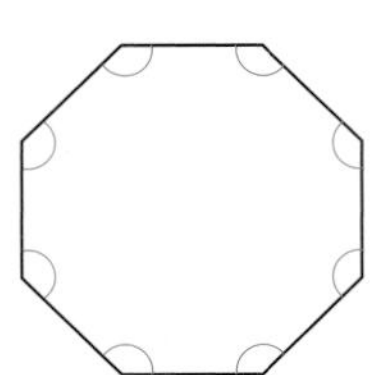

문제 분석 구하려는 것에 밑줄을 긋고 주어진 조건을 정리해 보시오.

- 표지판 모양: ☐ 모양
- 표지판 모양에 표시된 각: ☐개

해결 전략

- 표지판의 모양을 삼각형으로 나누어 도형을 단순화합니다.
- 삼각형의 세 각의 크기의 합은 ☐°임을 이용하여 표시된 모든 각의 크기의 합을 구합니다.

풀이

① 꼭짓점끼리 이어 도형을 삼각형 6개로 나누기

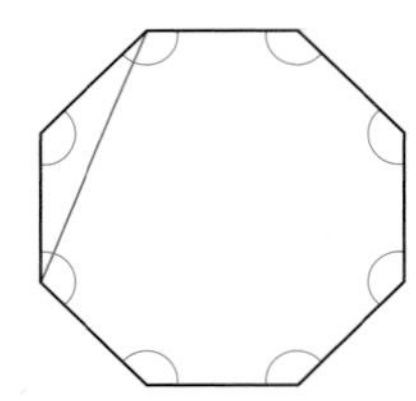

② 표시된 모든 각도의 합은 몇 도인지 구하기

(표시된 모든 각도의 합)

=(삼각형의 세 각의 크기의 합)×(나눈 삼각형의 수)

=☐°×☐=☐°

답

☐°

바른답 • 알찬풀이 22쪽

2

처음 도형을 오른쪽으로 3번 뒤집고 시계 방향으로 90°만큼 돌린 도형을 그려 보시오.

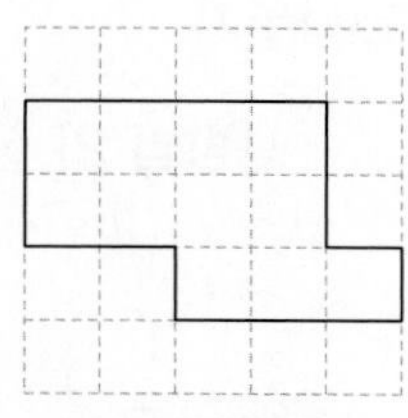

처음 도형

움직인 도형

문제 분석 **구하려는 것에 밑줄을 긋고 주어진 조건을 정리해 보시오.**

처음 도형을 움직인 방법:

오른쪽으로 ☐번 뒤집기 ➡ 시계 방향으로 ☐°만큼 돌리기

해결 전략 도형을 오른쪽으로 3번 뒤집은 도형은 오른쪽으로 몇 번 뒤집은 도형과 같은지 단순화하여 주어진 도형을 뒤집고 돌린 도형을 그려 봅니다.

풀이

❶ 도형을 오른쪽으로 3번 뒤집은 것을 단순화하여 생각하기

도형을 오른쪽으로 3번 뒤집은 도형은 오른쪽으로 (1 , 2)번 뒤집은 도형과 같습니다.

❷ 단순화한 방법으로 움직인 도형 그리기

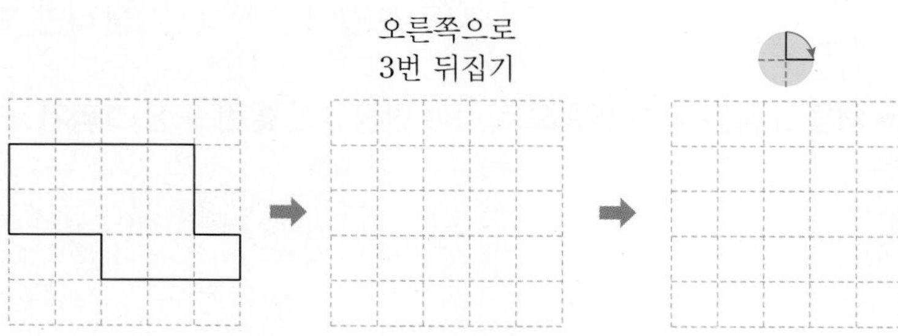

답

단순화하여 해결하기

1 오른쪽 도형에 표시된 모든 각도의 합은 몇 도입니까?

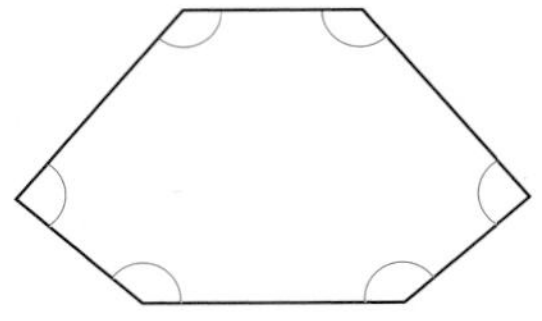

❶ 꼭짓점을 이어 도형을 삼각형과 사각형으로 나누기

[방법 1] 삼각형으로만 나누기

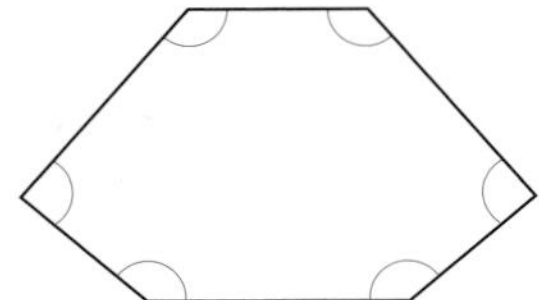

[방법 2] 삼각형과 사각형으로 나누기

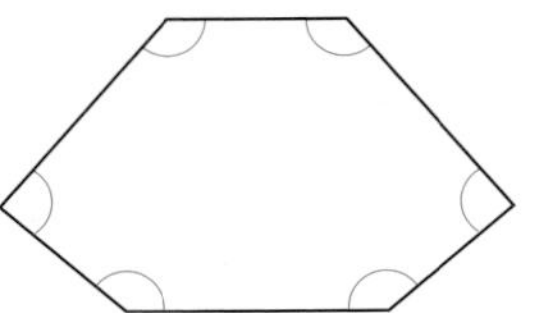

❷ 주어진 도형에 표시된 모든 각도의 합은 몇 도인지 구하기

2 처음 도형을 시계 방향으로 180°만큼 4번 돌리고 위쪽으로 뒤집었을 때의 도형을 그려 보시오.

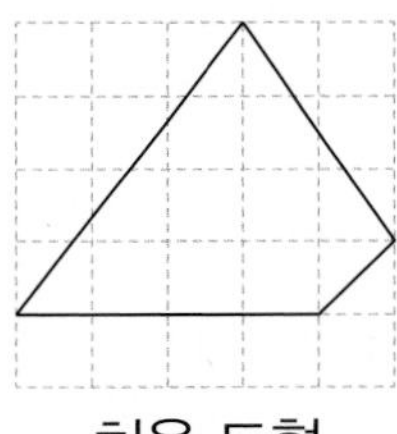
처음 도형

움직인 도형

❶ 처음 도형을 시계 방향으로 180°만큼 4번 돌린 도형 그리기

❷ 위의 모눈종이에 ❶의 도형을 위쪽으로 뒤집었을 때의 도형 그리기

바른답 • 알찬풀이 23쪽

3

오른쪽 그림에서 찾을 수 있는 크고 작은 예각은 모두 몇 개입니까?

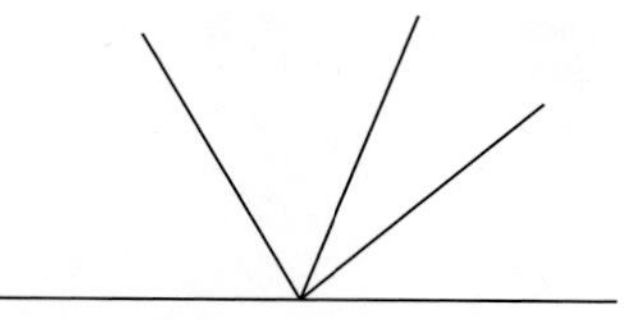

❶ 작은 각 1개짜리, 2개짜리로 이루어진 각 중 예각은 각각 몇 개인지 구하기

❷ 찾을 수 있는 크고 작은 예각은 모두 몇 개인지 구하기

4

어느 퍼즐 게임에서는 도형을 입력하여 [1단계]를 지나면 아래쪽으로 5번 뒤집은 도형이 출력되고, [2단계]를 지나면 시계 방향으로 90°만큼 돌린 도형이 출력됩니다. 어떤 도형을 입력하여 [1단계]와 [2단계]를 차례대로 지났더니 오른쪽 도형이 출력되었습니다. 처음 입력한 도형을 그려 보시오.

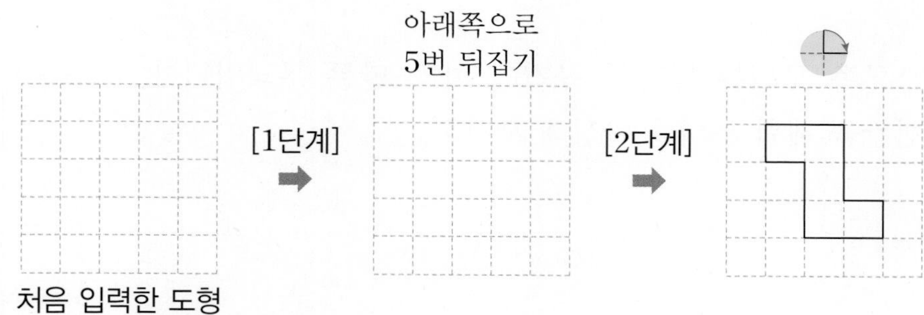

❶ 도형을 아래쪽으로 5번 뒤집은 것을 단순화하여 생각하기

도형을 아래쪽으로 5번 뒤집은 것은 아래쪽으로 (1 , 2)번 뒤집은 것과 같습니다.

❷ [1단계]를 지나 출력된 도형과 처음 입력한 도형을 그리는 방법 생각하기

❸ 위의 모눈종이에 [1단계]를 지나 출력된 도형과 처음 입력한 도형 그리기

단순화하여 해결하기

5 오른쪽 도형에 표시된 모든 각도의 합은 몇 도입니까?

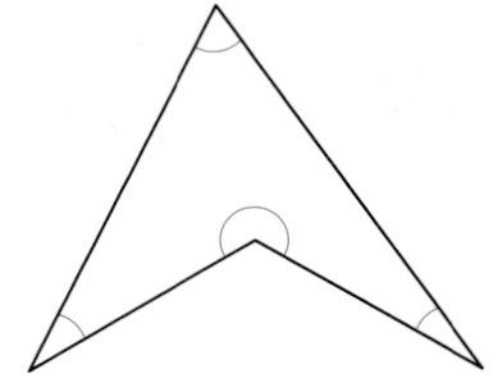

❶ 꼭짓점끼리 이어 도형을 삼각형 2개로 나누기

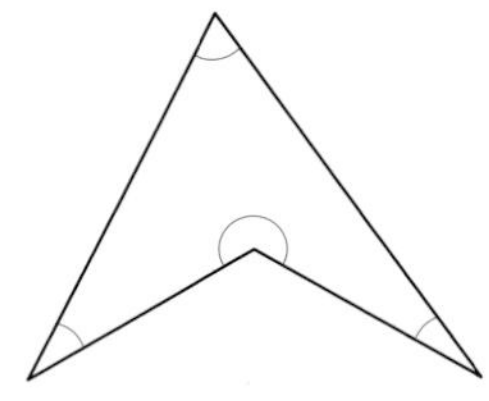

❷ 도형에 표시된 모든 각도의 합은 몇 도인지 구하기

6 오른쪽 무늬는 일정한 규칙에 따라 만든 무늬입니다. 빈칸을 채워 무늬를 완성해 보시오.

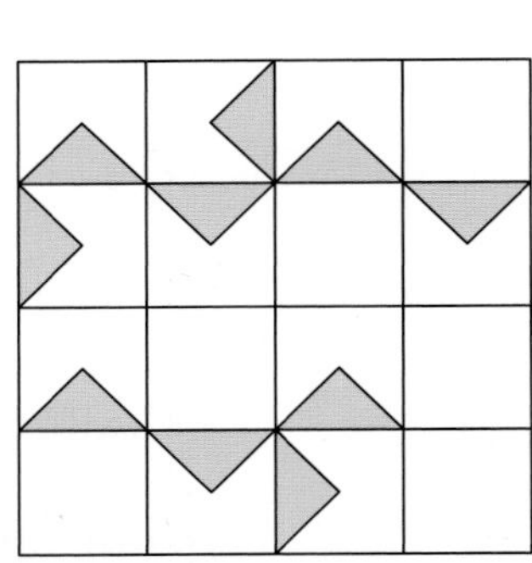

❶ 주어진 무늬에 선을 그어 큰 정사각형 4개로 4등분하기

❷ 4등분한 한 곳의 규칙 찾기

❸ 빈칸을 채워 무늬 완성하기

바른답 • 알찬풀이 24쪽

7 처음 도형을 시계 반대 방향으로 90°만큼 10번 돌리고 왼쪽으로 7번 뒤집었을 때의 도형을 그려 보시오.

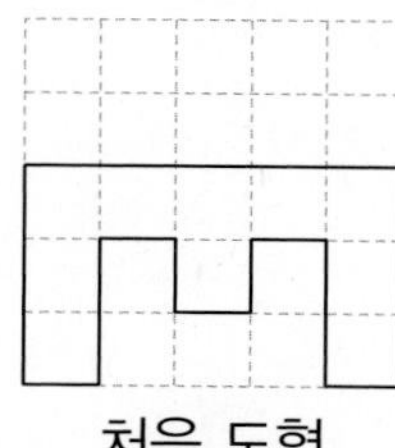
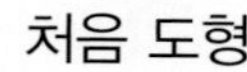

처음 도형 움직인 도형

8 오른쪽 그림에서 ㉠, ㉡, ㉢의 각도의 합은 몇 도입니까?

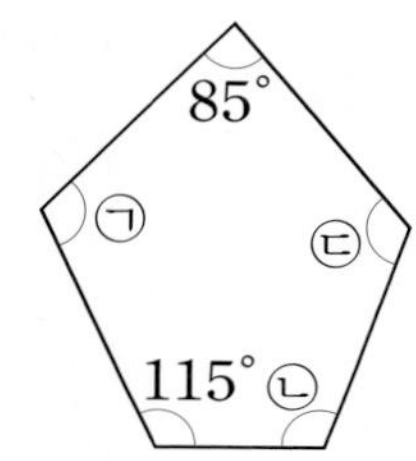

9 우리나라에서는 가는 대오리로 부챗살을 만들고 종이 또는 헝겊을 발라 부채를 만듭니다. 아래 그림과 같이 부채 갓대 사이에 부챗살이 30° 간격으로 있을 때 그림에서 찾을 수 있는 크고 작은 둔각은 모두 몇 개입니까?

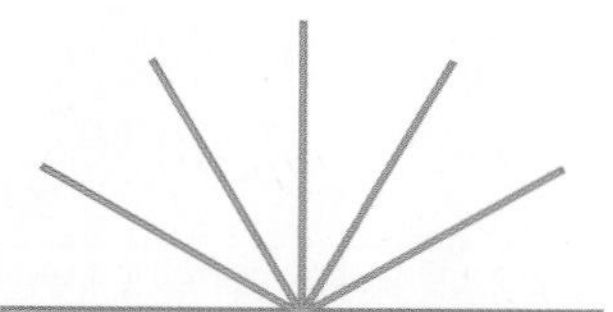

도형·측정 마무리하기 1회

조건을 따져 해결하기

1 오른쪽 그림에서 ㉠의 각도를 구하시오.

식을 만들어 해결하기

2 오른쪽 그림에서 각 ㄴㅇㄹ과 각 ㄷㅇㅁ의 크기가 90°일 때 ㉠의 각도를 구하시오.

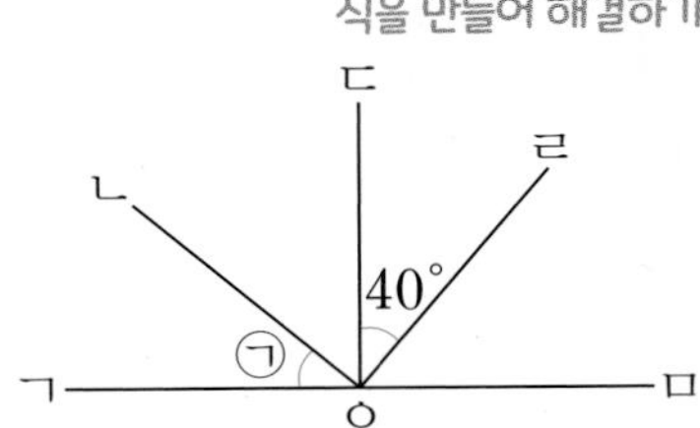

식을 만들어 해결하기

3 다음은 삼각형의 세 각 중 두 각의 크기를 나타낸 것입니다. 나머지 한 각이 둔각인 것을 찾아 기호를 쓰시오.

㉠ 70°, 20°	㉡ 65°, 35°
㉢ 55°, 40°	㉣ 25°, 60°

바른답 • 알찬풀이 25쪽

그림을 그려 해결하기

4 서로 다른 두 직각 삼각자를 겹치지 않게 이어 붙여서 만들 수 있는 각도 중 두 번째로 작은 각도를 구하시오.

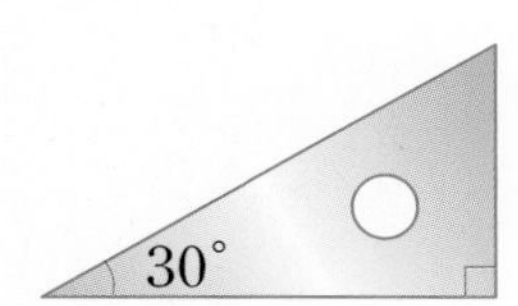

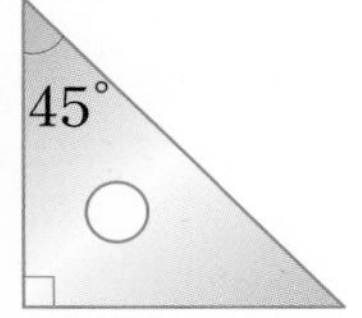

조건을 따져 해결하기

5 처음 도형을 돌리고 뒤집었더니 오른쪽 도형과 같았습니다. 처음 도형을 어떻게 움직인 것인지 설명하시오.

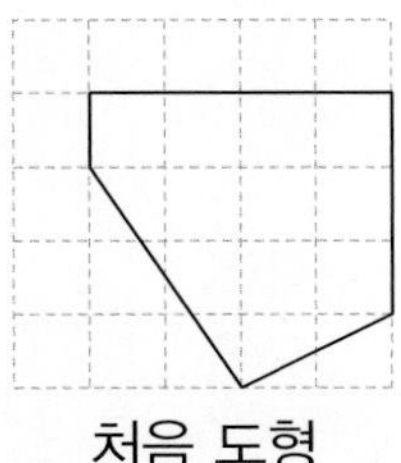
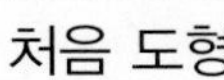

처음 도형

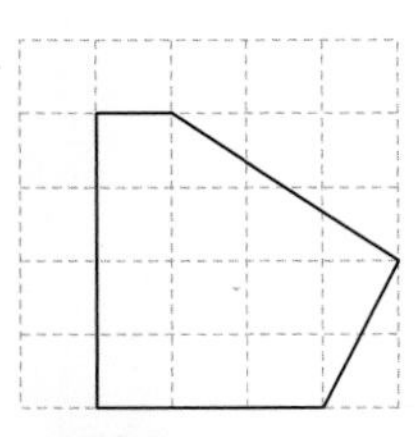

움직인 도형

단순화하여 해결하기

6 오른쪽 도형에 표시된 모든 각도의 합은 몇 도입니까?

거꾸로 풀어 해결하기

7 우편번호는 우편물을 보낼 때 주소별 구분을 편리하게 하기 위하여 오른쪽과 같이 5자리 숫자로 나타낸 것입니다. 다음은 성호네 집 우편번호를 시계 방향으로 180° 만큼 돌린 모양입니다. 성호네 집 우편번호를 구하시오.

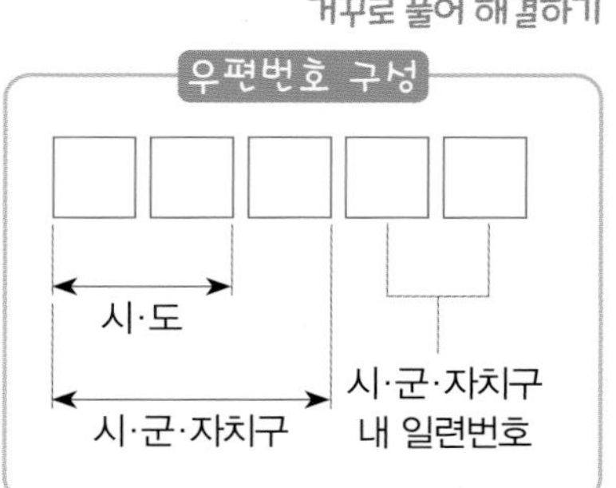

6259h

식을 만들어 해결하기

8 오른쪽 그림에서 ㉠의 각도를 구하시오.

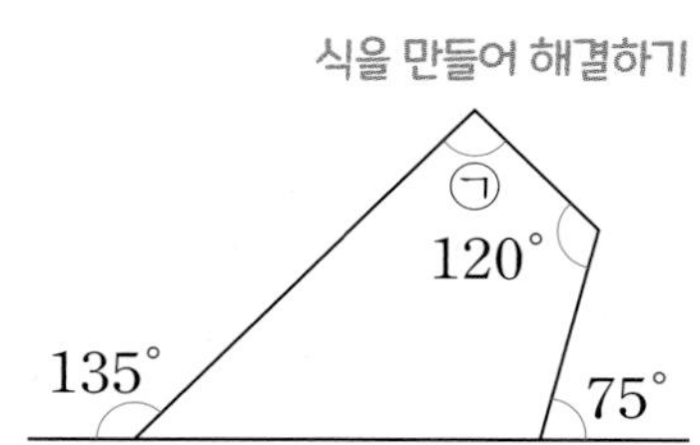

바른답 • 알찬풀이 25쪽

단순화하여 해결하기

9 모양으로 아래 무늬를 만든 규칙을 설명하시오.

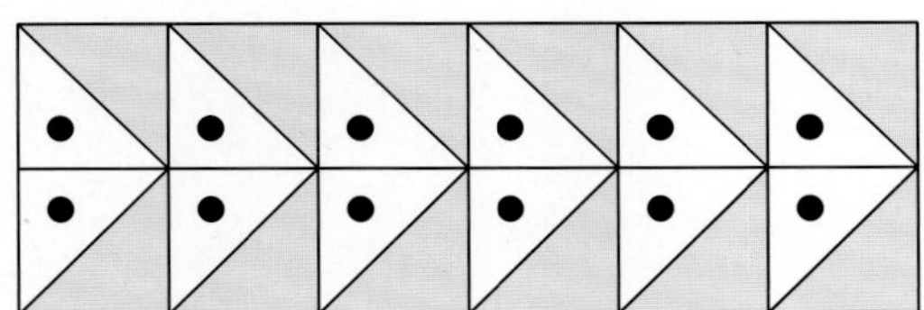

조건을 따져 해결하기

10 그림에서 각 ㄷㄱㄹ과 각 ㄷㄹㄱ의 크기가 같을 때 ㉠의 각도를 구하시오.

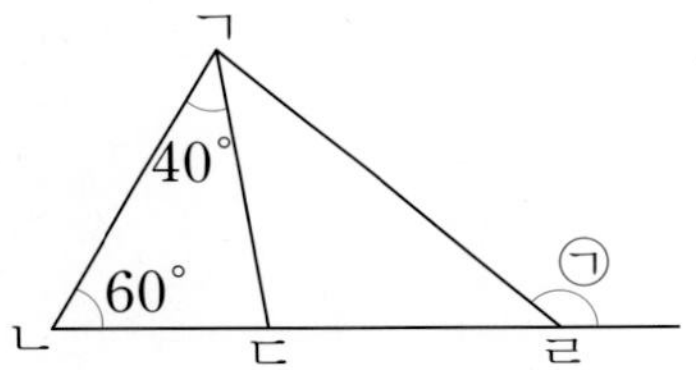

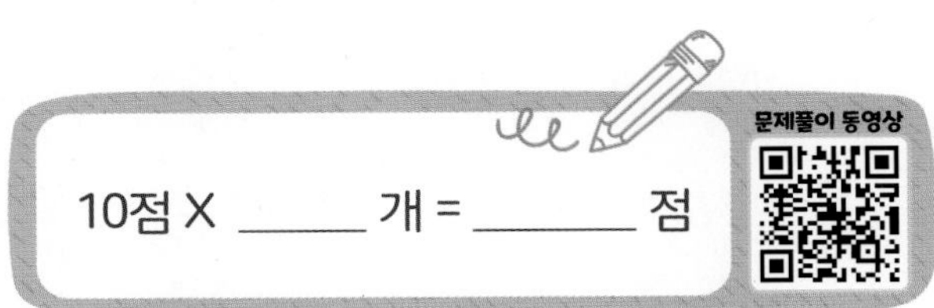

도형·측정 마무리하기 2회

1 오른쪽 그림과 같이 직선과 사각형의 한 꼭짓점이 만날 때 ㉠의 각도를 구하시오.

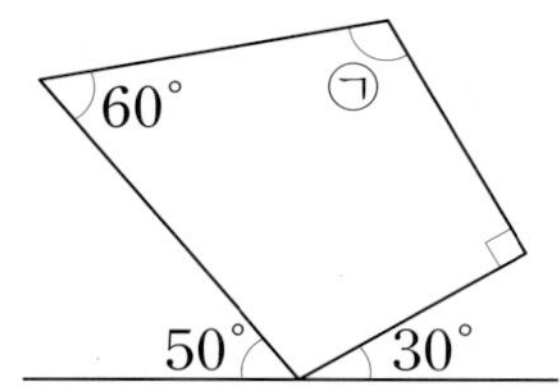

2 서로 다른 두 직각 삼각자를 이용하여 오른쪽과 같은 모양을 만들었습니다. ㉠의 각도를 구하시오.

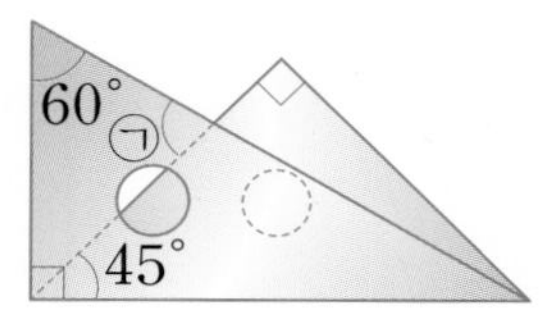

3 오른쪽과 같이 직사각형 모양의 종이를 접었을 때 ㉠의 각도를 구하시오.

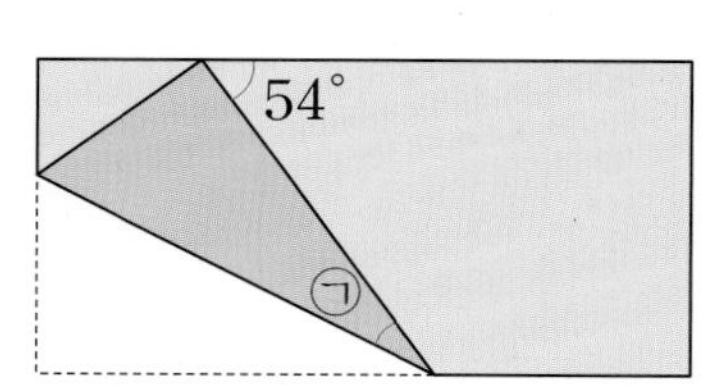

4 처음 도형을 위쪽으로 뒤집고 시계 반대 방향으로 270°만큼 돌린 도형이 오른쪽과 같습니다. 처음 도형을 그려 보시오.

처음 도형　　　　움직인 도형

5 그림에서 ㉠과 ㉡의 각도의 차를 구하시오.

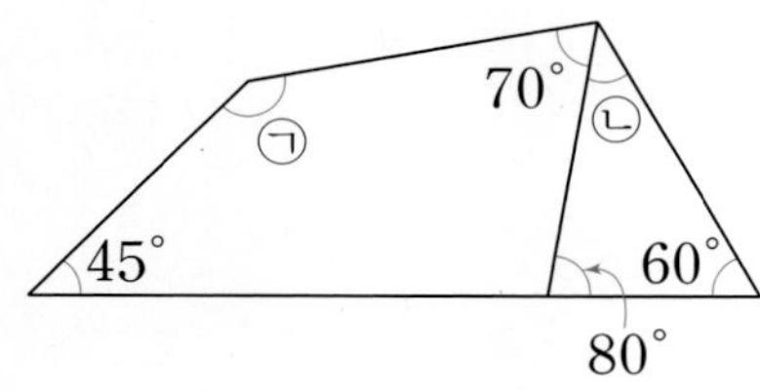

6 아래쪽으로 뒤집고 시계 반대 방향으로 180°만큼 돌렸을 때의 모양이 처음과 같아지는 알파벳은 모두 몇 개인지 구하시오.

A D F H J K M Q S Y

7 오른쪽 그림에서 색칠한 5개의 각도의 합을 구하시오.

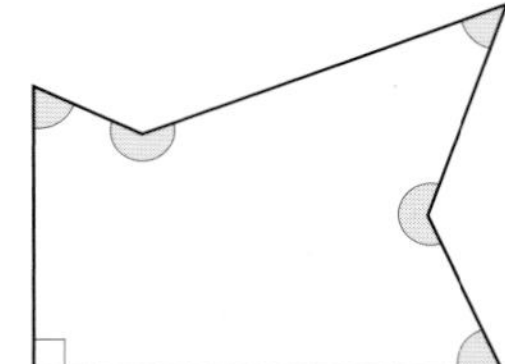

8 태헌이는 친구와 공원에서 만나기로 했습니다. 집에서 공원까지는 30분이 걸립니다. 태헌이가 9시 30분에 집에서 출발하였다면 공원에 도착했을 때 시계의 긴바늘과 짧은바늘이 이루는 작은 쪽의 각의 크기는 몇 도입니까?

바른답 • 알찬풀이 26쪽

9 왼쪽 도형을 오른쪽으로 5번 뒤집고 시계 반대 방향으로 90°만큼 3번 돌렸을 때의 도형을 그려 보시오.

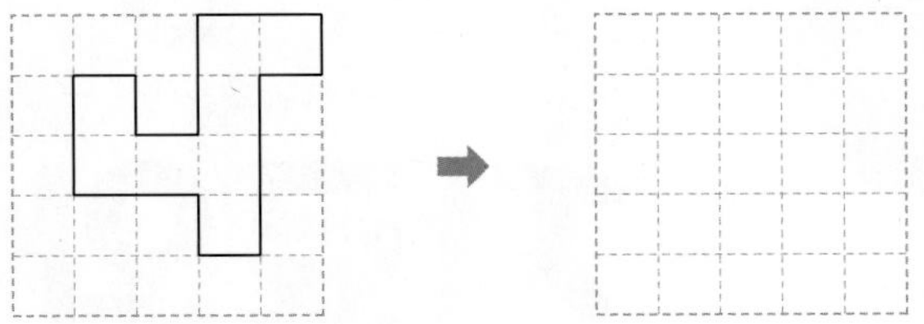

10 그림에서 ㉠, ㉡, ㉢의 각도의 합을 구하시오.

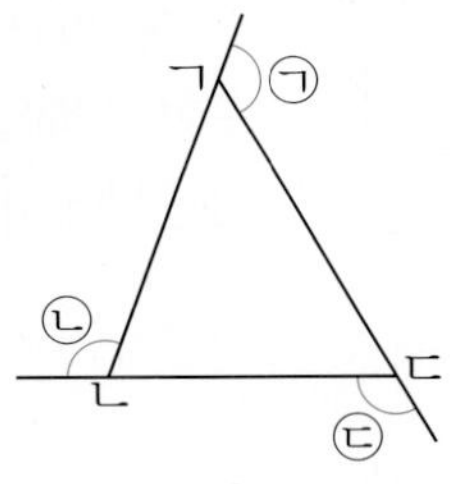

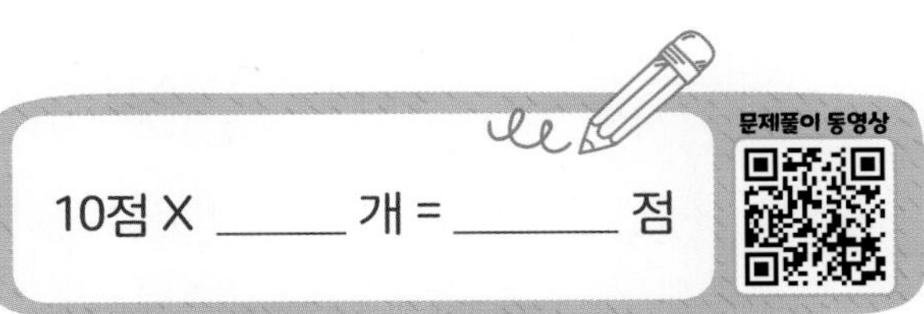

3장 규칙성 · 자료와 가능성

3-2

• 자료의 정리

4-1

• 막대그래프

막대그래프 알아보기
막대그래프에서 알 수 있는 것 알아보기
막대그래프 그리기

• 규칙 찾기

수 배열에서 규칙 찾기
도형의 배열에서 규칙 찾기
계산식에서 규칙 찾기

4-2

• 꺾은선그래프

“ 학습 계획 세우기 ”

	익히기	적용하기	
식을 만들어 해결하기	□ 94~95쪽 월 일	□ 96~97쪽 월 일	□ 98~99쪽 월 일
표를 만들어 해결하기	□ 100~101쪽 월 일	□ 102~103쪽 월 일	□ 104~105쪽 월 일
규칙을 찾아 해결하기	□ 106~107쪽 월 일	□ 108~109쪽 월 일	□ 110~111쪽 월 일
조건을 따져 해결하기	□ 112~113쪽 월 일	□ 114~115쪽 월 일	□ 116~117쪽 월 일

마무리 1회	마무리 2회
□ 118~121쪽 월 일	□ 122~125쪽 월 일

규칙성·자료와 가능성 시작하기

[1~4] 서호네 반 학생들이 좋아하는 간식을 조사하여 나타낸 표입니다. 물음에 답하시오.

좋아하는 간식별 학생 수

간식	떡볶이	핫도그	피자	호떡	어묵
학생 수(명)	4	10	8	2	6

1 표를 보고 막대그래프로 나타내려고 합니다. 가로에 간식을 나타낸다면 세로에는 무엇을 나타내야 합니까?

(　　　　　　　　　　　　)

2 막대그래프의 세로 눈금 한 칸이 학생 2명을 나타낸다면 피자는 몇 칸으로 나타내야 합니까?

(　　　　　　　　　　　　)

3 표를 보고 막대그래프로 나타내시오.

좋아하는 간식별 학생 수

(명)					
10					
0					
학생 수 / 간식	떡볶이	핫도그	피자	호떡	어묵

4 간식을 좋아하는 학생 수가 어묵보다 많은 간식을 모두 쓰시오.

(　　　　　　　　　　　　)

바른답 • 알찬풀이 28쪽

5 수 배열의 규칙에 따라 ▲에 알맞은 수를 구하시오.

6	30	150	750	▲	18750

( )

[6~7] 계산식의 규칙에 따라 □ 안에 알맞은 식을 써넣으시오.

6

$100 \times 700 = 70000$

$200 \times 700 = 140000$

□

$400 \times 700 = 280000$

7

$816 \div 8 = 102$

$8016 \div 8 = 1002$

$80016 \div 8 = 10002$

□

8 덧셈식을 보고 어떤 규칙이 있는지 찾아 쓰시오.

순서	덧셈식
첫째	$245 + 389 = 634$
둘째	$255 + 379 = 634$
셋째	$265 + 369 = 634$
넷째	$275 + 359 = 634$

규칙 ( )

식을 만들어 해결하기

1 민서네 반 학생들이 좋아하는 과일을 조사하여 나타낸 표와 막대그래프입니다. 조사한 전체 학생은 모두 몇 명입니까?

좋아하는 과일별 학생 수

과일	포도	복숭아	귤	배	합계
학생 수 (명)		4		6	

좋아하는 과일별 학생 수

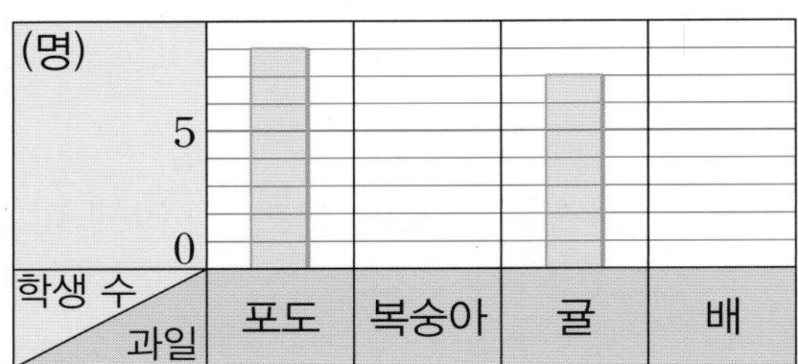

문제 분석 구하려는 것에 밑줄을 긋고 주어진 조건을 정리해 보시오.

- 표에서 알 수 있는 점: 복숭아, ☐를 좋아하는 학생 수
- 막대그래프에서 알 수 있는 점: 포도, ☐을 좋아하는 학생 수

해결 전략

- 막대그래프에서 포도, ☐을 좋아하는 학생 수를 구합니다.
- 조사한 전체 학생 수를 덧셈식을 만들어 구합니다.

풀이

① 포도와 귤을 좋아하는 학생은 몇 명인지 구하기

막대그래프의 세로 눈금 한 칸은 ☐명을 나타내므로 포도를 좋아하는 학생은 ☐명, 귤을 좋아하는 학생은 ☐명입니다.

② 조사한 전체 학생은 몇 명인지 구하기

(조사한 전체 학생 수)$=$☐$+4+$☐$+6=$☐(명)

답 ☐명

바른답•알찬풀이 28쪽

2

바둑돌을 다음과 같이 규칙적으로 놓으려고 합니다. 다섯째에 놓아야 할 바둑돌은 몇 개입니까?

첫째 둘째 셋째 ……

문제 분석 구하려는 것에 밑줄을 긋고 주어진 조건을 정리해 보시오.

규칙적으로 놓은 바둑돌

해결 전략 바둑돌의 수를 계산식으로 나타내어 규칙을 찾아 다섯째에는 바둑돌을 몇 개 놓아야 하는지 구합니다.

풀이

1 바둑돌의 수와 계산식을 표에 나타내기

첫째 둘째 셋째 ……

순서	첫째	둘째	셋째
바둑돌의 수(개)	3	□	□
계산식	□×3	□×3	□×3

2 넷째, 다섯째에 놓아야 할 바둑돌의 수를 구하는 식 세우기

• 넷째: □×3=□ • 다섯째: □×□=□

3 다섯째에 놓아야 할 바둑돌은 몇 개인지 구하기

다섯째에는 바둑돌을 □개 놓아야 합니다.

답 □개

식을 만들어 해결하기

1 오른쪽은 동물원에 있는 동물의 수를 조사하여 나타낸 막대그래프입니다. 조사한 동물은 모두 몇 마리입니까?

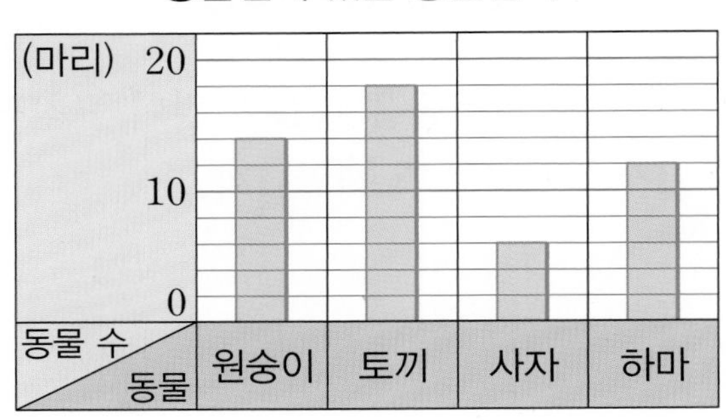

❶ 원숭이, 토끼, 사자, 하마는 각각 몇 마리인지 구하기

❷ 조사한 동물은 모두 몇 마리인지 구하기

2 오른쪽은 어느 지역의 과수원별 사과 수확량을 조사하여 나타낸 막대그래프입니다. 사과 수확량이 가장 많은 과수원의 수확량은 가장 적은 과수원보다 몇 상자 더 많습니까?

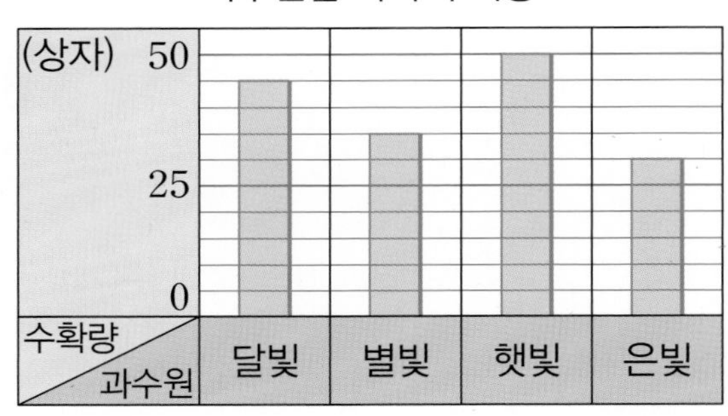

❶ 사과 수확량이 가장 많은 과수원과 가장 적은 과수원의 사과 수확량은 각각 몇 상자인지 구하기

❷ 사과 수확량이 가장 많은 과수원의 수확량은 가장 적은 과수원보다 몇 상자 더 많은지 구하기

바른답 • 알찬풀이 28쪽

3 다음과 같은 규칙으로 바둑돌을 놓을 때 열째에 놓아야 할 바둑돌은 몇 개입니까?

첫째 둘째 셋째 ……

❶ **바둑돌의 수와 계산식을 표에 나타내기**

순서	첫째	둘째	셋째
바둑돌의 수(개)	4		
계산식	1×4		

❷ **열째에 놓아야 할 바둑돌은 몇 개인지 구하기**

4 채연이가 한 달 동안 읽은 책을 종류별로 조사하여 나타낸 표와 막대그래프입니다. 가장 많이 읽은 책의 종류는 무엇입니까?

종류별 책의 수

책	동화책	역사책	만화책	위인전	합계
책의 수(권)		5			25

종류별 책의 수

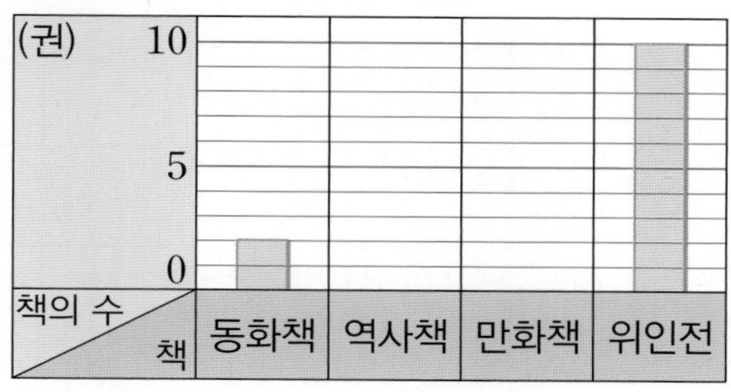

❶ **채연이가 읽은 만화책은 몇 권인지 구하기**

❷ **채연이가 가장 많이 읽은 책의 종류는 무엇인지 구하기**

식을 만들어 해결하기

5 다음과 같이 규칙적으로 삼각형을 그릴 때 아홉째에 그려야 할 모양에는 가장 작은 삼각형이 몇 개입니까?

첫째 둘째 셋째 넷째

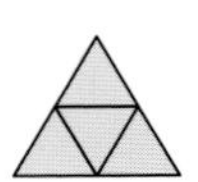
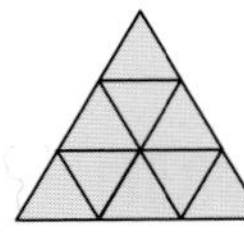
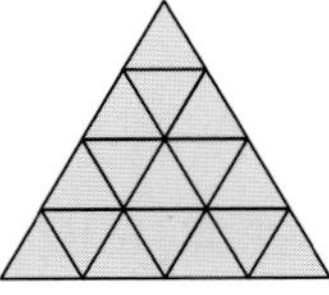
......

① **가장 작은 삼각형의 수와 계산식을 표에 나타내기**

순서	첫째	둘째	셋째	넷째
가장 작은 삼각형의 수(개)	1	4		
계산식	1×1	2×2		

② **아홉째에 그려야 할 모양에는 가장 작은 삼각형이 몇 개인지 구하기**

6 어느 해 서울의 강수량을 조사하여 나타낸 막대그래프입니다. 3월의 강수량은 4월의 강수량보다 45 mm 적을 때 1월부터 4월까지의 강수량의 합은 몇 mm입니까?

어느 해 서울의 강수량

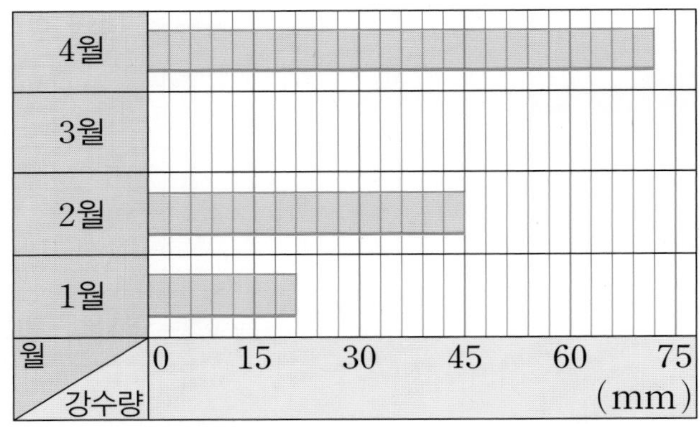

① **3월의 강수량은 몇 mm인지 구하기**

② **1월부터 4월까지의 강수량의 합은 몇 mm인지 구하기**

바른답 • 알찬풀이 29쪽

7 오른쪽은 승호네 반 학생 25명에게 주말에 가고 싶은 장소를 조사하여 나타낸 막대그래프입니다. 놀이공원에 가고 싶은 학생 수는 미술관에 가고 싶은 학생 수의 몇 배입니까?

가고 싶은 장소별 학생 수

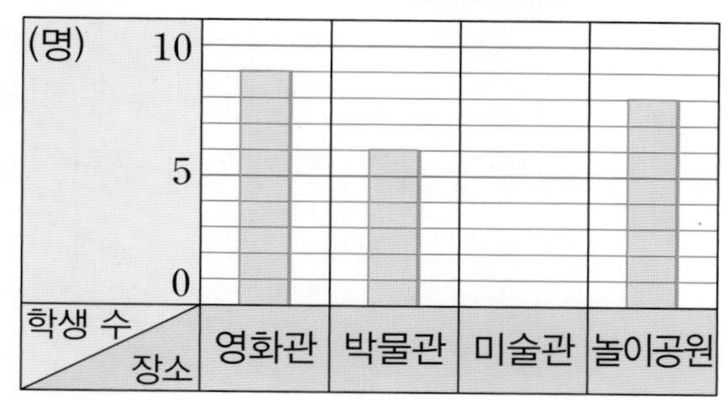

8 희서는 다음과 같은 규칙으로 종을 그리고 있습니다. 두 가지 계산식으로 나타내어 여섯째에 그려야 하는 종은 몇 개인지 구하시오.

첫째 둘째 셋째 넷째 ……

9 다음과 같은 규칙으로 바둑돌을 놓을 때 바둑돌을 110개 놓아야 할 때는 몇째입니까?

첫째 둘째 셋째 넷째 ……

표를 만들어 해결하기

1

모양을 규칙에 따라 놓은 것입니다. 다섯째에 놓이는 파란색 모양과 노란색 모양은 각각 몇 개인지 구하시오.

첫째  둘째  셋째  넷째  ……

문제 분석 구하려는 것에 밑줄을 긋고 주어진 조건을 정리해 보시오.

규칙적으로 놓은 파란색 모양과 노란색 모양

해결 전략 파란색 모양과 노란색 모양의 수를 표에 나타내어 규칙을 찾아봅니다.

풀이

❶ 파란색 모양과 노란색 모양의 수를 표에 나타내기

순서	첫째	둘째	셋째	넷째
파란색 모양의 수(개)	3			
노란색 모양의 수(개)	1			

❷ 파란색 모양과 노란색 모양의 규칙을 각각 찾기

- 파란색 모양: □개씩 늘어나는 규칙입니다.
- 노란색 모양: 3, □, □, ……개씩 늘어나는 규칙입니다.
  ↑ 4−1=3

❸ 다섯째에 놓이는 파란색 모양과 노란색 모양은 각각 몇 개인지 구하기

- 파란색 모양: (넷째 파란색 모양)+□=□+□=□(개)
- 노란색 모양: (넷째 노란색 모양)+□=□+□=□(개)

답 파란색 모양: □개, 노란색 모양: □개

바른답 • 알찬풀이 30쪽

2

길이가 2 cm인 색 테이프 2개와 3 cm인 색 테이프 2개가 있습니다. 이 색 테이프를 겹치지 않게 길게 이어서 만들 수 있는 길이는 모두 몇 가지입니까?

문제 분석 구하려는 것에 밑줄을 긋고 주어진 조건을 정리해 보시오.

- 길이가 2 cm인 색 테이프의 수: ☐개
- 길이가 3 cm인 색 테이프의 수: ☐개

해결 전략 표를 만들어 2 cm인 색 테이프와 ☐ cm인 색 테이프의 수에 따라 만들 수 있는 길이를 모두 찾습니다.

풀이

❶ 2 cm와 3 cm인 색 테이프의 수와 각각의 길이의 합을 표에 나타내기

2 cm인 색 테이프의 수(개)	0	1	1	2	2	2
2 cm인 색 테이프의 길이의 합(cm)	0	2				
3 cm인 색 테이프의 수(개)	2	1	2	0		
3 cm인 색 테이프의 길이의 합(cm)	6	3				
만들 수 있는 길이(cm)	6					

❷ 만들 수 있는 길이는 모두 몇 가지인지 구하기

만들 수 있는 길이는 4 cm, 5 cm, ☐ cm, ☐ cm, ☐ cm, ☐ cm로 모두 ☐가지입니다.

답 ☐가지

표를 만들어 해결하기

1 색깔이 다른 티셔츠 3종류와 바지 2종류가 있습니다. 티셔츠와 바지를 서로 다르게 입는 방법은 모두 몇 가지입니까?

❶ **티셔츠와 바지를 서로 다르게 입는 경우를 표에 나타내기**

티셔츠 3종류를 ①, ②, ③, 바지 2종류를 ㉠, ㉡이라고 하여 표에 나타냅니다.

티셔츠	①	①	②	②	③	③
바지	㉠					

❷ **티셔츠와 바지를 서로 다르게 입는 방법은 모두 몇 가지인지 구하기**

2 500원짜리 젤리와 200원짜리 사탕이 있습니다. 2000원을 거스름돈 없이 모두 사용하여 젤리와 사탕을 살 수 있는 방법은 모두 몇 가지입니까?

❶ **2000원으로 젤리만 살 때 살 수 있는 젤리의 수와 사탕만 살 때 살 수 있는 사탕의 수는 각각 몇 개인지 구하기**

❷ **젤리와 사탕의 수에 따른 전체 금액을 표에 나타내기**

젤리의 수(개)	0	1	2	3	4
젤리의 금액(원)	0				
사탕의 수(개)	10	7	5	2	0
사탕의 금액(원)	2000				
전체 금액(원)	2000				

❸ **2000원을 모두 사용하여 사탕과 젤리를 살 수 있는 방법은 모두 몇 가지인지 구하기**

바른답 • 알찬풀이 30쪽

3

크기가 같은 벽돌을 오른쪽과 같이 규칙적으로 쌓으려고 합니다. 11층까지 쌓는다면 벽돌은 모두 몇 개 필요하고, 11층에 놓이는 벽돌은 어느 방향으로 놓입니까?

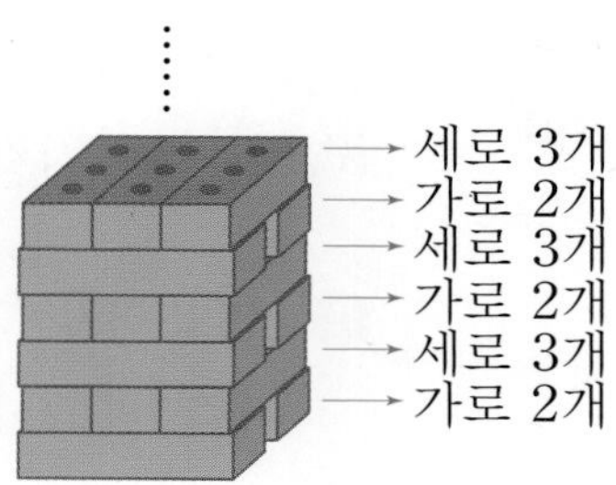

❶ 6층까지 벽돌을 쌓은 방향과 층별 쌓은 벽돌의 수를 표에 나타내기

층	1	2	3	4	5	6
방향	가로	세로				
벽돌의 수(개)	2	3				

❷ 11층까지 쌓는다면 벽돌은 모두 몇 개 필요하고, 11층에 놓이는 벽돌은 어느 방향으로 놓이는지 구하기

4

민규, 지영, 인하가 가지고 있는 블록은 원, 사각형, 오각형 모양 중 하나로 서로 다릅니다. 민규가 가지고 있는 블록은 원, 오각형 모양이 아니고, 지영이도 오각형 모양을 가지고 있지 않습니다. 민규, 지영, 인하가 가지고 있는 블록 모양은 각각 무엇입니까?

❶ 가지고 있는 모양이면 ○표, 가지고 있지 않은 모양이면 ×표 하여 표에 나타내기

모양 \ 이름	민규	지영	인하
원			
사각형			
오각형			

❷ 민규, 지영, 인하가 가지고 있는 블록 모양 각각 구하기

표를 만들어 해결하기

5 오른쪽 그림과 같이 책상에 의자 ㉠, ㉡, ㉢이 놓여 있습니다.
3명의 어린이가 의자에 앉는 방법은 모두 몇 가지입니까?

ㄴ
ㄱ ㄷ

❶ 3명의 어린이가 의자에 앉는 방법을 표에 나타내기

어린이 3명을 ㉮, ㉯, ㉰라고 하여 표에 나타냅니다.

㉠	㉮	㉮	㉯			
㉡	㉯	㉰	㉮			
㉢	㉰					

❷ 3명의 어린이가 의자에 앉는 방법은 모두 몇 가지인지 구하기

6 바둑돌을 규칙에 따라 놓은 것입니다. 일곱째에 놓이는 흰색 바둑돌과 검은색 바둑돌의 개수의 차는 몇 개인지 구하시오.

첫째 둘째 셋째 넷째 ······

❶ 흰색 바둑돌과 검은색 바둑돌의 개수와 그 차를 표에 나타내기

순서	첫째	둘째	셋째	넷째
흰색 바둑돌의 수(개)	3			
검은색 바둑돌의 수(개)	1			
차(개)	2			

❷ 흰색 바둑돌과 검은색 바둑돌의 개수의 차의 규칙 찾기

❸ 일곱째에 놓이는 흰색 바둑돌과 검은색 바둑돌의 개수의 차는 몇 개인지 구하기

바른답 • 알찬풀이 31쪽

7 남자 2명과 여자 2명이 한 줄로 서려고 합니다. 남자와 여자가 번갈아 설 때 줄을 서는 방법은 모두 몇 가지입니까?

8 도형을 규칙에 따라 놓은 것입니다. 여덟째에 놓이는 주황색 사각형과 분홍색 사각형의 개수를 각각 구하시오.

첫째 둘째 셋째 넷째 ……

9 오른쪽은 민선이네 반 학급 게시판입니다. 민선이네 모둠 학생들은 학급 게시판의 가, 나를 노란색, 파란색, 주황색, 초록색으로 꾸미려고 합니다. 한 곳에 한 가지의 색만 사용할 때 가, 나를 서로 다른 색깔로 꾸미는 방법은 모두 몇 가지입니까?

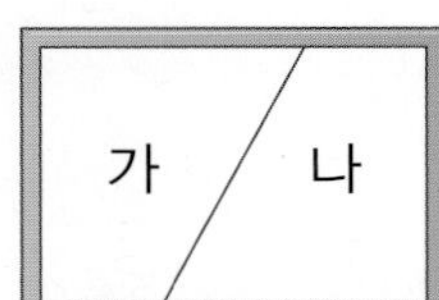

규칙을 찾아 해결하기

1

수 배열의 규칙에 맞게 ★에 알맞은 수를 구하시오.

30000 — 32000 — 36000 — 42000 — 50000 — ☐ — ★

문제 분석 구하려는 것에 밑줄을 긋고 주어진 조건을 정리해 보시오.

규칙적인 수 배열:

30000 ➡ 32000 ➡ 36000 ➡ ☐ ➡ 50000

해결 전략 수 배열에서 수가 몇씩 커지는지 규칙을 찾아 ★에 알맞은 수를 구합니다.

풀이

❶ **수가 몇씩 커지는지 규칙 찾기**

주어진 수들은 30000부터 시작하여 오른쪽으로 2000, ☐, ☐, ☐씩 커집니다.

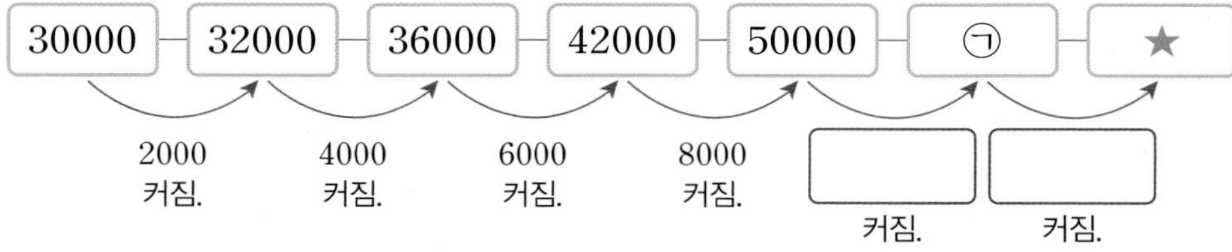

❷ **㉠에 알맞은 수 구하기**

㉠은 50000보다 ☐ 큰 수인 ☐입니다.

❸ **★에 알맞은 수 구하기**

★은 ㉠=☐보다 ☐ 큰 수인 ☐입니다.

답 ☐

바른답 • 알찬풀이 32쪽

2

규칙에 따라 여섯째에 알맞은 모양을 그리고 □ 안에 알맞은 수를 써넣으시오.

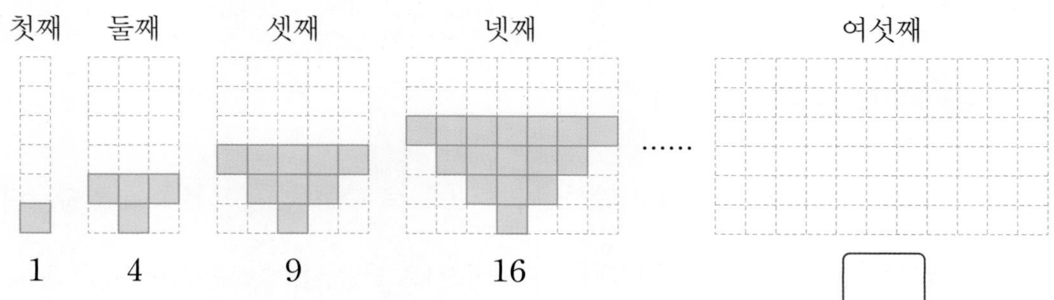

문제 분석 구하려는 것에 밑줄을 긋고 주어진 조건을 정리해 보시오.

규칙적으로 넷째까지 그린 모양

해결 전략 그리는 모양과 그리는 사각형의 수의 규칙을 찾아 해결합니다.

풀이

❶ 그리는 모양의 규칙 찾기

가장 아래 사각형부터 위로 사각형이 3개, 5개, □개 더 늘어납니다.

❷ 다섯째, 여섯째에 알맞은 모양을 그리고 □ 안에 알맞은 수 써넣기

넷째에 그린 모양에서 위로 사각형이 각각 □개, □개 더 늘어난 그림을 그리고 □ 안에 알맞은 수를 써넣습니다.

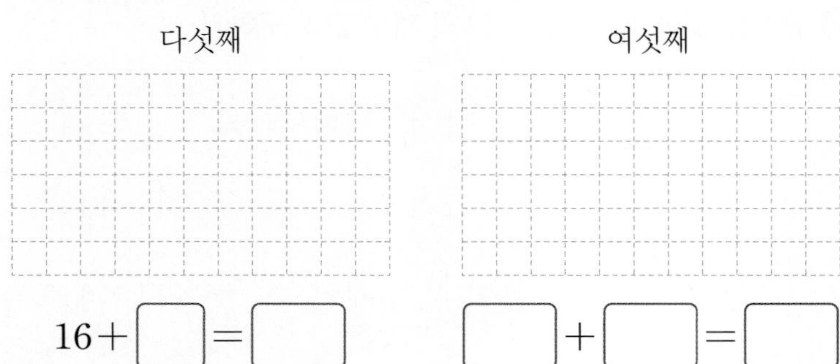

답

, □

규칙을 찾아 해결하기

1

규칙적인 수의 배열에서 ■와 ●에 알맞은 수의 곱을 구하시오.

2430	810	■	90		
		135	45	●	5

① 주어진 수들의 규칙 찾기

• 2430부터 시작하여 □(으)로 나눈 몫이 오른쪽에 있습니다.

• 135부터 시작하여 □(으)로 나눈 몫이 오른쪽에 있습니다.

② ■와 ●에 알맞은 수 각각 구하기

③ ■와 ●에 알맞은 수의 곱 구하기

2

오른쪽 계산식을 보고 규칙을 찾아 11111×11111의 계산 결과를 구하시오.

$1 \times 1 = 1$
$11 \times 11 = 121$
$111 \times 111 = 12321$

① 규칙을 찾아 1111×1111의 계산 결과 구하기

1: 1이 1개인 수 ➡ $1 \times 1 = 1$

11: 1이 2개인 수 ➡ $11 \times 11 = 1$□1

111: 1이 □개인 수 ➡ $111 \times 111 = 12$□21

1111: 1이 □개인 수 ➡ $1111 \times 1111 = 123$□321

② 11111×11111의 계산 결과 구하기

바른답 • 알찬풀이 32쪽

3 계산식의 규칙을 찾아 일곱째에 알맞은 식을 쓰시오.

순서	계산식
첫째	$1\times9=10-1$
둘째	$12\times9=110-2$
셋째	$123\times9=1110-3$
넷째	$1234\times9=11110-4$

❶ **계산식의 규칙 찾기**

❷ **다섯째, 여섯째에 알맞은 식 쓰기**

❸ **일곱째에 알맞은 식 쓰기**

4 보기에서 계산식의 규칙을 찾아 □ 안에 알맞은 수를 써넣으시오.

보기

$1+3=2\times2$

$1+3+5=3\times3$

$1+3+5+7=4\times4$

$$\underset{6\times6}{\underline{1+3+5+7+9+11}}+\underset{\square\times\square}{\underline{9+7+5+3+1}}=\square$$

❶ $1+3+5+7+9+11$**은 연속된 홀수를 몇 개 더한 것인지 구하기**

❷ $9+7+5+3+1$**은 연속된 홀수를 몇 개 더한 것인지 구하기**

❸ □ **안에 알맞은 수를 써넣기**

규칙을 찾아 해결하기

5 보기 의 규칙을 이용하여 나누는 수가 7일 때의 계산식을 빈칸에 2개 더 써 보시오.

보기

$5 \div 5 = 1$

$25 \div 5 \div 5 = 1$

$125 \div 5 \div 5 \div 5 = 1$

$625 \div 5 \div 5 \div 5 \div 5 = 1$

$7 \div 7 = 1$

$49 \div 7 \div 7 = 1$

❶ 보기 에서 계산식의 규칙 찾기

❷ 나누는 수가 7일 때의 계산식을 1개 더 쓰기

❸ ❷에 이어서 나누는 수가 7일 때의 계산식을 1개 더 쓰기

6 규칙에 따라 여섯째에 올 도형을 빈칸에 그려 보시오.

첫째	둘째	셋째	넷째	다섯째	여섯째

❶ 도형을 그리는 규칙 찾기

❷ 여섯째에 올 도형 그리기

바른답 • 알찬풀이 33쪽

7 보기 에서 계산식의 규칙을 찾아 □ 안에 알맞은 수를 써넣으시오.

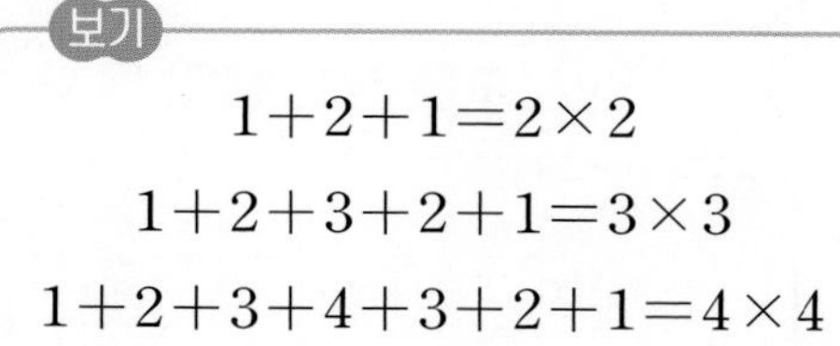
보기
$1+2+1=2\times2$
$1+2+3+2+1=3\times3$
$1+2+3+4+3+2+1=4\times4$

$1+2+\cdots\cdots+29+30+29+\cdots\cdots+2+1$
$=\square\times\square=\square$

8 오른쪽 수 배열표에서 규칙적인 계산식을 찾아 빈칸에 알맞은 식을 1개씩 더 써 보시오.

31	32	33	34	35
41	42	43	44	45
51	52	53	54	55

[계산식 1]	[계산식 2]
$35-31=4$ $45-41=4$	$31+42+53=33+42+51$ $33+44+55=35+44+53$

9 오른쪽 계산식에서 규칙을 찾아 계산 결과가 1200이 나오는 계산식을 쓰시오.

순서	계산식
첫째	$600-300+200=500$
둘째	$700-400+300=600$
셋째	$800-500+400=700$
넷째	$900-600+500=800$

익히기

조건을 따져 해결하기

1 오른쪽은 반별로 모은 칭찬 붙임 딱지 수를 조사하여 나타낸 막대그래프입니다. 남학생과 여학생이 모은 칭찬 붙임 딱지 수의 합이 가장 많은 반은 어느 반이고, 그 합은 몇 개입니까?

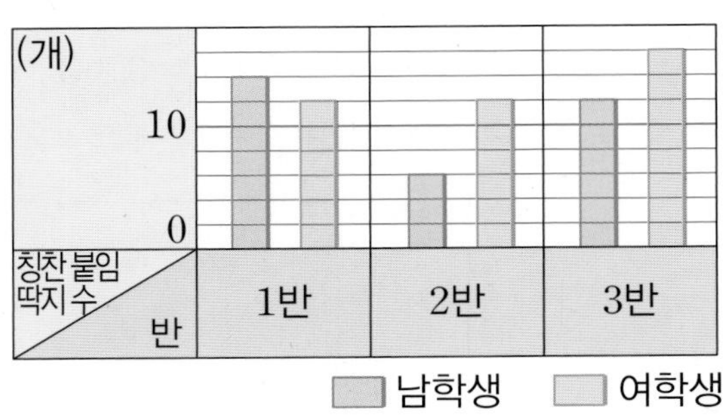

문제 분석 구하려는 것에 밑줄을 긋고 주어진 조건을 정리해 보시오.

남학생과 여학생이 모은 칭찬 붙임 딱지 수를 반별로 나타낸 막대그래프

해결 전략 막대그래프에서 남학생과 여학생이 모은 칭찬 붙임 딱지 수의 합이 가장 많은 반을 찾고 그 합을 구합니다.

풀이

❶ **각 반별 남학생과 여학생이 모은 칭찬 붙임 딱지 수와 그 합을 각각 구하기**

1반: 남학생 14개, 여학생 12개 ➡ 14＋12＝26(개)

2반: 남학생 ☐개, 여학생 ☐개 ➡ ☐＋☐＝☐(개)

3반: 남학생 ☐개, 여학생 ☐개 ➡ ☐＋☐＝☐(개)

❷ **남학생과 여학생이 모은 칭찬 붙임 딱지 수의 합이 가장 많은 반은 어느 반이고, 그 합은 몇 개인지 구하기**

칭찬 붙임 딱지 수의 합의 크기를 비교하면 ☐ ＞26＞ ☐ 이므로 남학생과 여학생이 모은 칭찬 붙임 딱지 수의 합이 가장 많은 반은 ☐반이고, 그 합은 ☐개입니다.

답 ☐반, ☐개

바른답 • 알찬풀이 33쪽

2

달력을 보고 다음 조건을 모두 만족하는 수를 찾아 쓰시오.

일	월	화	수	목	금	토
		1	2	3	4	5
6	7	8	9	10	11	12
13	14	15	16	17	18	19
20	21	22	23	24	25	26
27	28	29	30			

- ✚ 안에 있는 5개의 수 중 하나입니다.
- ✚ 안에 있는 5개의 수의 합을 5로 나눈 몫과 같습니다.

문제 분석 구하려는 것에 밑줄을 긋고 주어진 조건을 정리해 보시오.

- ✚ 안에 있는 수: 9, 15, 16, ☐, ☐
- ✚ 안에 있는 5개의 수 중 5개의 수의 합을 5로 나눈 몫과 같은 수를 찾습니다.

해결 전략 ✚ 안에 있는 5개의 수의 합을 먼저 구한 후 조건을 모두 만족하는 수를 찾아봅니다.

풀이

❶ ✚ 안에 있는 5개의 수의 합 구하기

9+15+16+☐+☐=☐

❷ ✚ 안에 있는 5개의 수의 합을 5로 나눈 몫 구하기

(✚ 안에 있는 5개의 수의 합)÷☐=☐÷☐=☐

❸ 조건을 모두 만족하는 수 찾기

✚ 안에 있는 수 중 조건을 모두 만족하는 수는 ☐입니다.

답 ☐

조건을 따져 해결하기

1 오른쪽은 우진이네 반 학생 32명이 좋아하는 간식을 조사하여 나타낸 막대그래프입니다. 라면을 좋아하는 학생이 피자를 좋아하는 학생보다 4명 적을 때 라면과 피자를 좋아하는 학생은 각각 몇 명입니까?

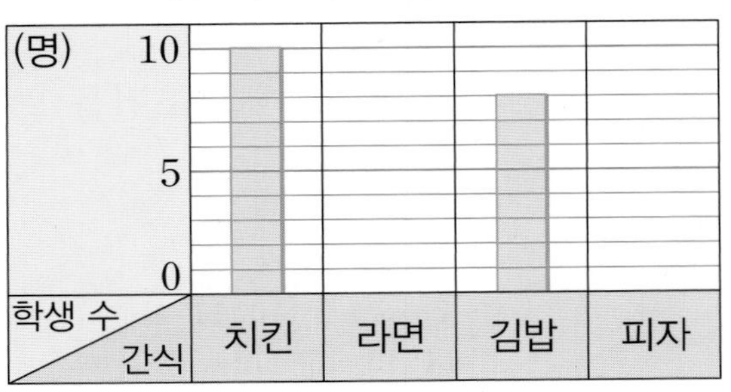

❶ 라면과 피자를 좋아하는 학생은 모두 몇 명인지 구하기

❷ 라면과 피자를 좋아하는 학생은 각각 몇 명인지 구하기

2 오른쪽은 희선이네 학교 학예회에서 연주한 악기별 학생 수를 조사하여 나타낸 막대그래프입니다. 첼로를 연주한 학생 수는 플루트를 연주한 학생 수의 3배입니다. 클라리넷을 연주한 학생 수는 첼로를 연주한 학생 수보다 2명 적습니다. 두 번째로 많은 학생이 연주한 악기는 무엇입니까?

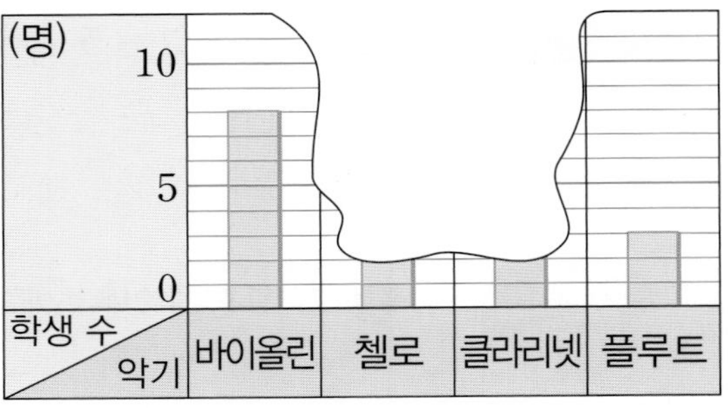

❶ 첼로를 연주한 학생은 몇 명인지 구하기

❷ 클라리넷을 연주한 학생은 몇 명인지 구하기

❸ 두 번째로 많은 학생이 연주한 악기는 무엇인지 구하기

바른답 • 알찬풀이 34쪽

3

오른쪽은 진아네 반 학생들의 취미를 조사하여 나타낸 막대그래프입니다. 그림 그리기가 취미인 학생 수를 나타내는 막대가 운동하기가 취미인 학생 수를 나타내는 막대보다 3칸 짧다면 그림 그리기가 취미인 학생은 몇 명입니까?

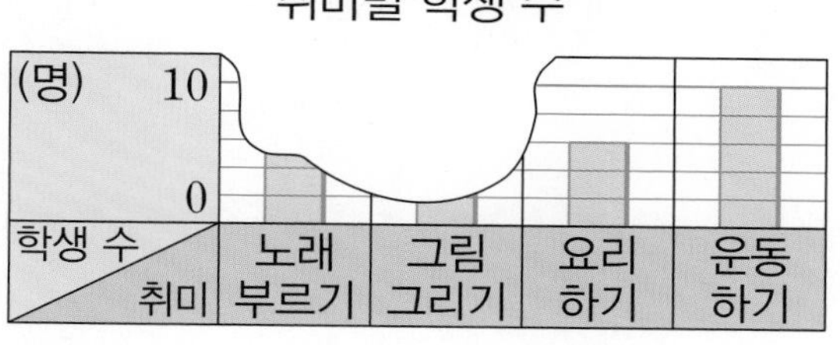

❶ **그림 그리기가 취미인 학생 수를 나타내는 막대는 몇 칸인지 구하기**

❷ **그림 그리기가 취미인 학생은 몇 명인지 구하기**

4

오른쪽은 민선이네 학교 4학년 학생들이 운동회에서 달리기를 하여 1등 한 학생 수를 반별로 나타낸 막대그래프입니다. 3반의 1등 한 학생은 1반의 1등 한 학생보다 3명 적습니다. 1등 한 학생에게 공책을 2권씩 준다면 필요한 공책은 모두 몇 권입니까?

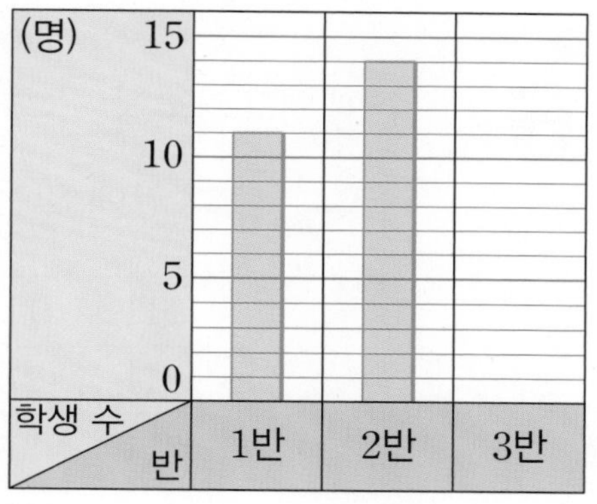

❶ **3반의 1등 한 학생은 몇 명인지 구하기**

❷ **1등 한 학생은 모두 몇 명인지 구하기**

❸ **필요한 공책은 모두 몇 권인지 구하기**

조건을 따져 해결하기

5 세영이가 말한 규칙대로 다섯째와 여섯째에 알맞은 도형을 각각 그려 보시오.

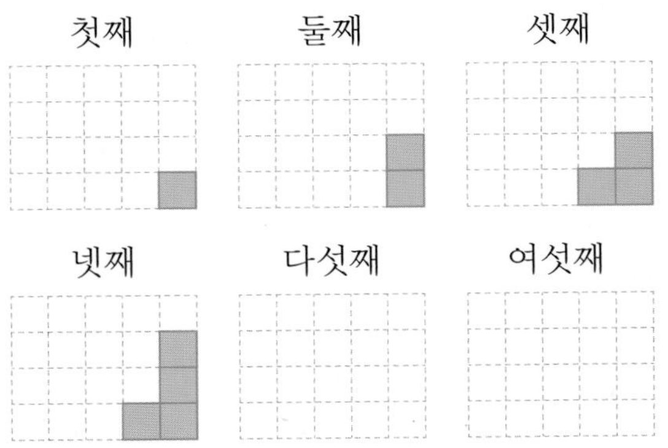

오른쪽 아래에서 시작하여 사각형이 위쪽과 왼쪽으로 1개씩 번갈아 가며 늘어나요.

세영

❶ **다섯째에 알맞은 도형 그리기**

❷ **여섯째에 알맞은 도형 그리기**

6 수 배열표의 안에 있는 5개의 수에서 규칙을 찾아 보고, 찾은 규칙에 따라 안에 있는 5개의 수의 합을 구하시오.

111	112	113	114	115	116	117	118
211	212	213	214	215	216	217	218
311	312	313	314	315	316	317	318
411	412	413	414	415	416	417	418

❶ **안에 있는 5개의 수에서 규칙 찾기**

 안에 있는 5개의 수의 합은 가운데 있는 수의 □배와 같습니다.

❷ **안에 있는 5개의 수의 합 구하기**

바른답 • 알찬풀이 34쪽

7 영준이네 반 학생들이 좋아하는 계절을 조사하여 나타낸 막대그래프입니다. 전체 남학생 수와 여학생 수가 같을 때 가을을 좋아하는 여학생은 몇 명입니까?

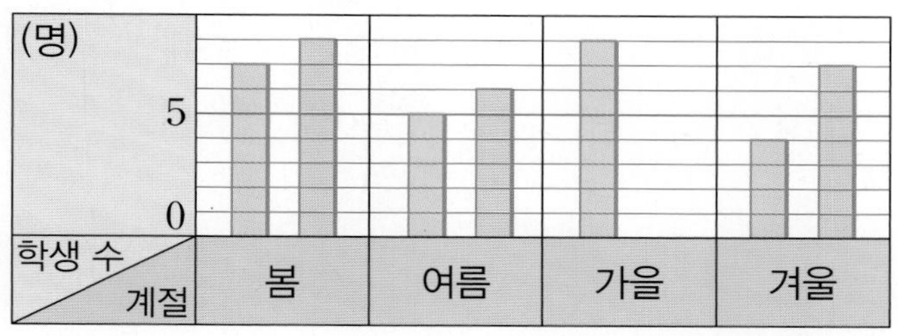

8 수 배열표를 보고 ㉠과 ㉡의 조건을 만족하는 규칙적인 수의 배열을 각각 찾을 때 두 수의 배열에 모두 포함되는 수를 구하시오.

2345	2355	2365	2375	2385	2395
3345	3355	3365	3375	3385	3395
4345	4355	4365	4375	4385	4395
5345	5355	5365	5375	5385	5395
6345	6355	6365	6375	6385	6395

㉠ 가장 작은 수는 3345이고 다음 수는 앞의 수보다 1010씩 큽니다.

㉡ 가장 큰 수는 6355이고 다음 수는 앞의 수보다 990씩 작습니다.

규칙성·자료와 가능성 마무리하기 

식을 만들어 해결하기

1 다음과 같이 공깃돌을 규칙적으로 놓을 때 여섯째에 놓아야 할 공깃돌은 몇 개인지 구하시오.

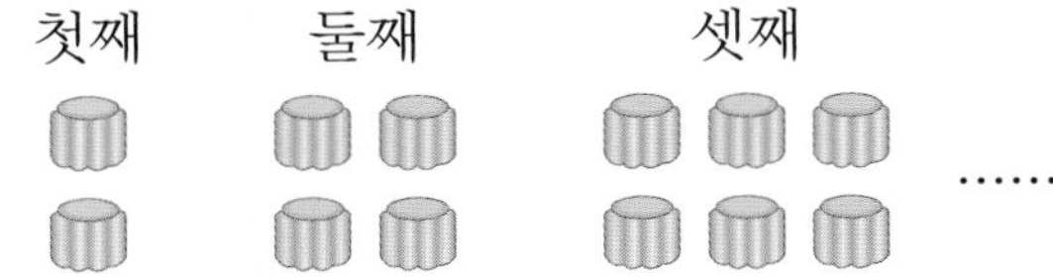

식을 만들어 해결하기

2 오른쪽은 올림픽 경기 종목 중 세민이네 학교 4학년 학생들이 좋아하는 경기 종목을 조사하여 나타낸 막대그래프입니다. 조사한 전체 학생은 모두 몇 명인지 구하시오.

좋아하는 경기 종목별 학생 수

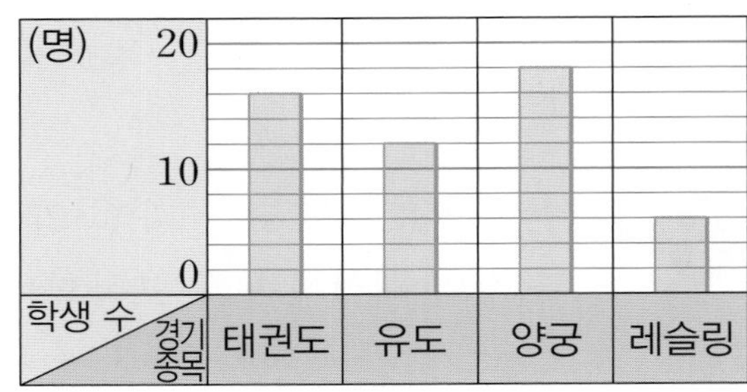

규칙을 찾아 해결하기

3 규칙을 찾아 빈칸에 알맞은 수를 써넣으시오.

130421	130432	130443	130454	130465
230521	230532		230554	230565
330621		330643	330654	
430721	430732	430743		430765

바른답 • 알찬풀이 35쪽

조건을 따져 해결하기

4 경은이가 3월부터 7월까지 저금한 금액을 조사하여 나타낸 막대그래프입니다. 3월에 저금한 금액은 5월에 저금한 금액의 3배입니다. 두 번째로 많이 저금한 달은 몇 월인지 구하시오.

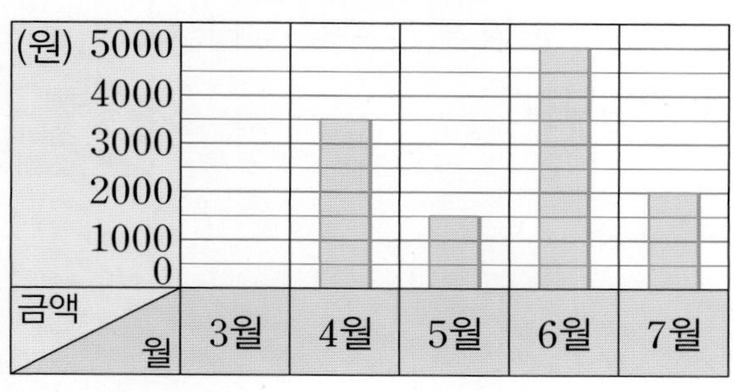

규칙을 찾아 해결하기

5 규칙을 찾아 설명하고 여섯째와 여덟째에 알맞은 도형을 각각 그려 넣으시오.

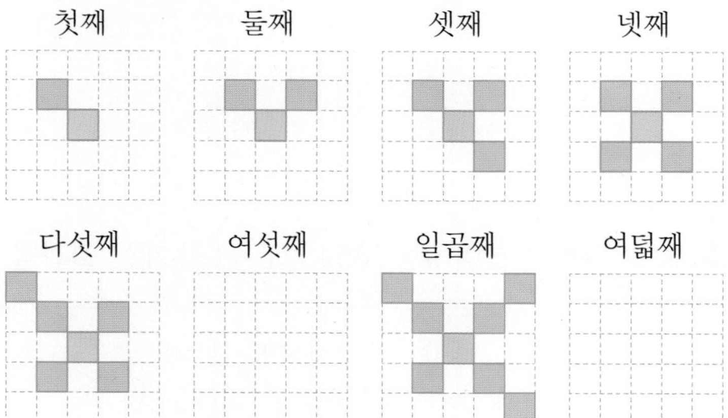

조건을 따져 해결하기

6 오른쪽은 효선이네 학교 4학년 학생들이 한 달 동안 받은 칭찬 붙임 딱지 수를 반별로 나타낸 막대그래프입니다. 3반의 칭찬 붙임 딱지 수는 2반의 칭찬 붙임 딱지 수보다 6개 적다면 3반의 칭찬 붙임 딱지 수를 나타내는 막대는 몇 칸입니까?

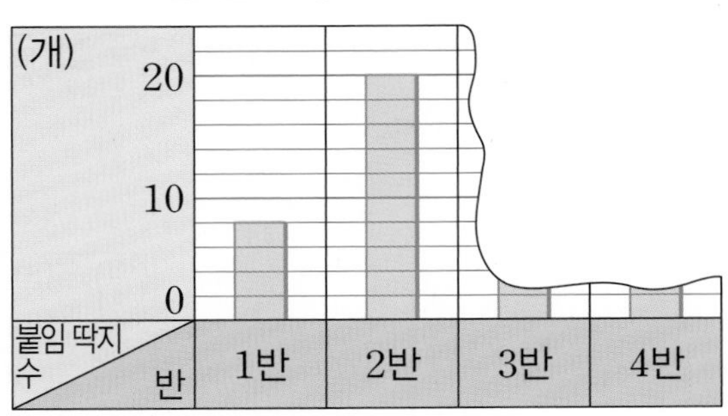

표를 만들어 해결하기

7 길이가 2 cm인 막대 2개와 4 cm인 막대 3개가 있습니다. 이 막대를 겹치지 않게 길게 이어서 만들 수 있는 길이는 몇 cm인지 모두 구하시오.

규칙을 찾아 해결하기

8 계산식을 보고 규칙을 찾아 $9\times7654321-1$의 계산 결과를 구하시오.

$$9\times1-1=8$$
$$9\times21-1=188$$
$$9\times321-1=2888$$
$$9\times4321-1=38888$$

바른답 • 알찬풀이 35쪽

조건을 따져 해결하기

9 성재네 학교 4학년 학생들의 장래 희망을 조사하여 나타낸 막대그래프입니다. 장래 희망이 의사인 학생이 28명일 때 성재네 학교 4학년 학생은 모두 몇 명인지 구하시오.

장래 희망별 학생 수

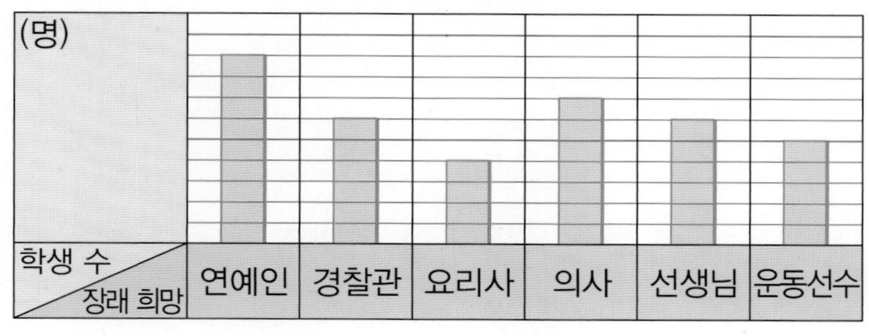

표를 만들어 해결하기

10 다음과 같이 바둑돌을 놓을 때 열째에 놓이는 검은색 바둑돌은 흰색 바둑돌보다 몇 개 더 많은지 구하시오.

첫째　　둘째　　셋째　　넷째

……

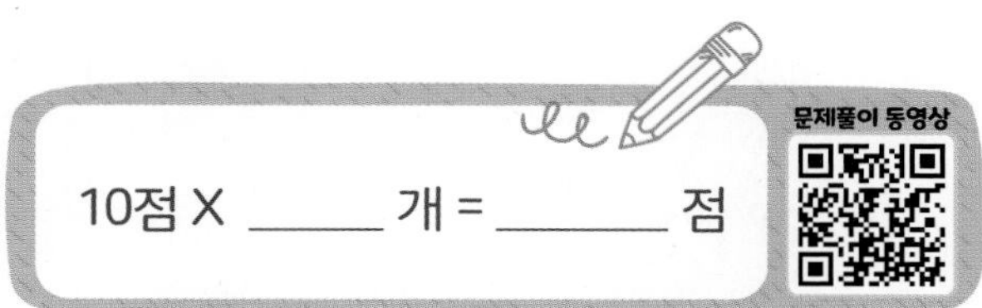

규칙성·자료와 가능성 마무리하기 

1 오른쪽은 학생 4명의 100 m 달리기 기록을 조사하여 나타낸 막대그래프입니다. 소희가 진서보다 4초 빨리 달렸다면 4명의 달리기 기록의 합은 몇 초인지 구하시오.

학생 별 100 m 달리기 기록

2 계산식의 규칙을 찾아 계산 결과가 800000000－11111111이 되는 계산식을 쓰시오.

순서	계산식
첫째	$1\times9=10-1$
둘째	$21\times9=200-11$
셋째	$321\times9=3000-111$
넷째	$4321\times9=40000-1111$

3 다음과 같이 바둑돌을 놓을 때 여덟째에 놓이는 바둑돌은 몇 개인지 구하시오.

첫째 둘째 셋째 넷째

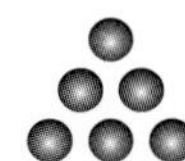
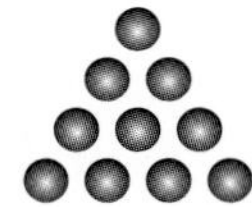
……

바른답 • 알찬풀이 36쪽

4 형석이네 학교 학생들이 좋아하는 운동을 조사하여 나타낸 막대그래프입니다. 가장 많은 학생이 좋아하는 운동은 무엇입니까?

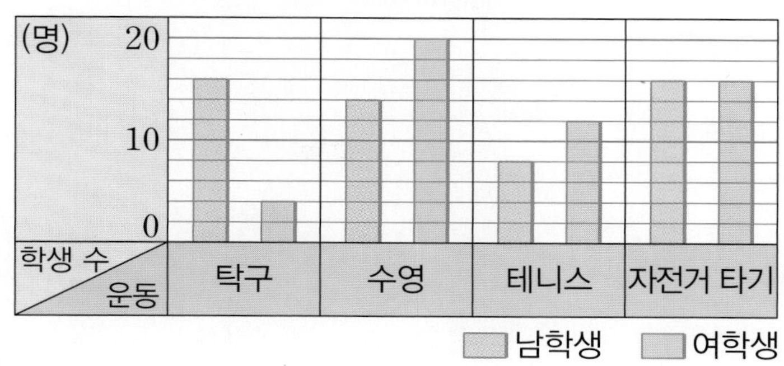

5 수 배열표에서 다음과 같은 규칙적인 계산식을 찾아 빈칸에 알맞은 식을 1개 써 보시오.

24	30	36	42
79	85	91	97
134	140	146	152

$$24+30=79+85-110$$
$$30+36=85+91-110$$
$$85+91=140+146-110$$

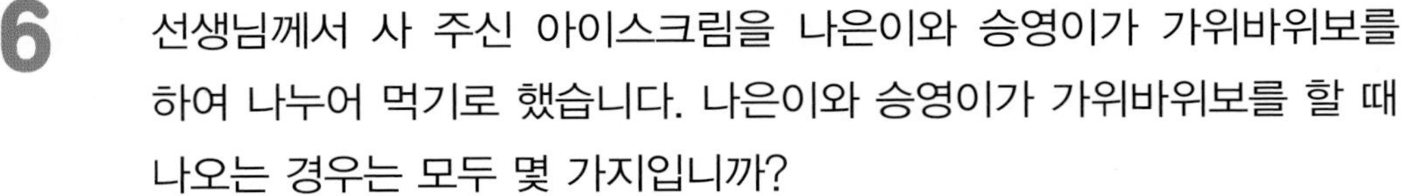

6 선생님께서 사 주신 아이스크림을 나은이와 승영이가 가위바위보를 하여 나누어 먹기로 했습니다. 나은이와 승영이가 가위바위보를 할 때 나오는 경우는 모두 몇 가지입니까?

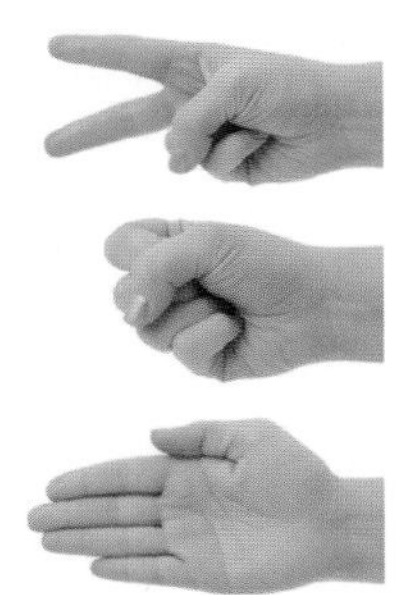

7 도형을 규칙에 따라 놓은 것입니다. 여섯째에 놓이는 분홍색 모양과 노란색 모양의 개수를 각각 구하시오.

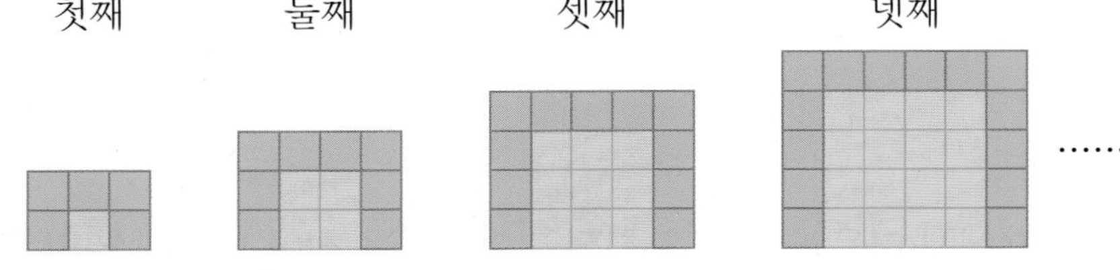

8 오른쪽은 새 박물관에 있는 종류별 새의 수를 조사하여 나타낸 막대그래프입니다. 조사한 새는 모두 90마리이고 독수리와 까치의 수가 같습니다. 까치는 비둘기보다 몇 마리 적은지 구하시오.

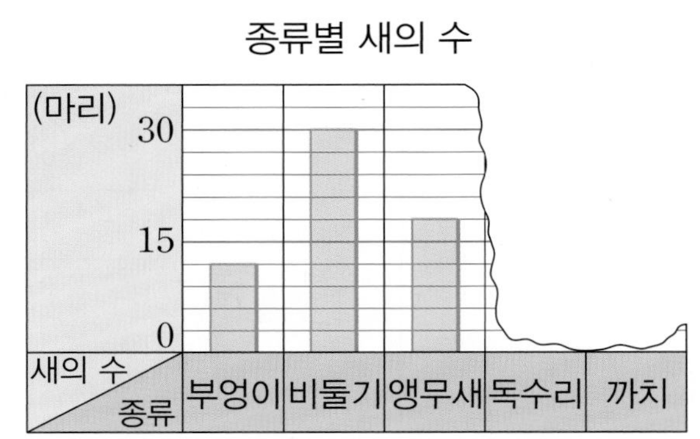

바른답 • 알찬풀이 36쪽

9 어느 놀이공원에 있는 놀이 기구의 한 칸에 탈 수 있는 사람 수를 조사하여 막대그래프로 나타낸 것입니다. 태경이네 반 학생 28명이 한꺼번에 모두 롤러코스터를 타려면 롤러코스터는 적어도 몇 칸이 있어야 합니까?

놀이 기구별 한 칸에 탈 수 있는 사람 수

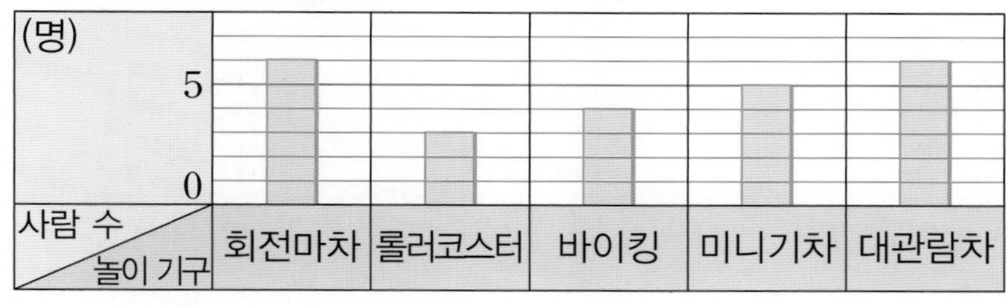

10 다음은 규칙에 따라 정사각형을 그린 그림입니다. 작은 정사각형부터 차례로 그리고 번호를 적었을 때 ⑧에 그려야 할 정사각형의 한 변의 길이는 몇 cm입니까?

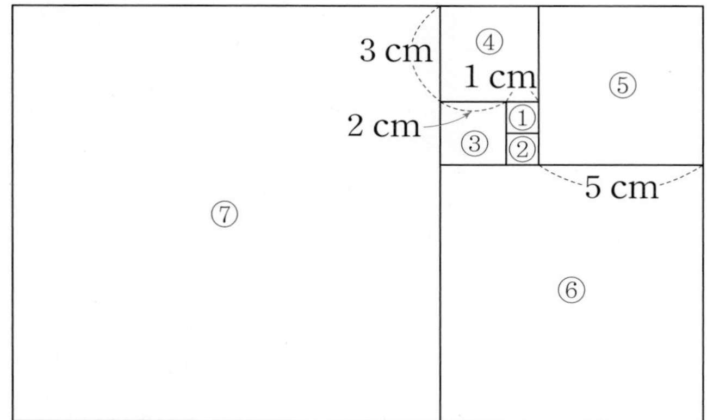

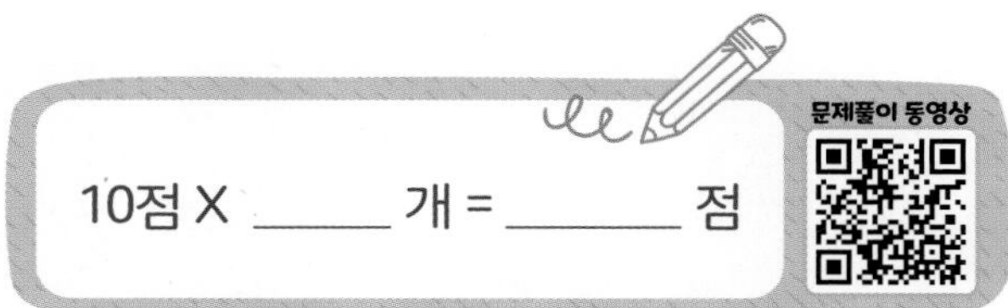

MEMO

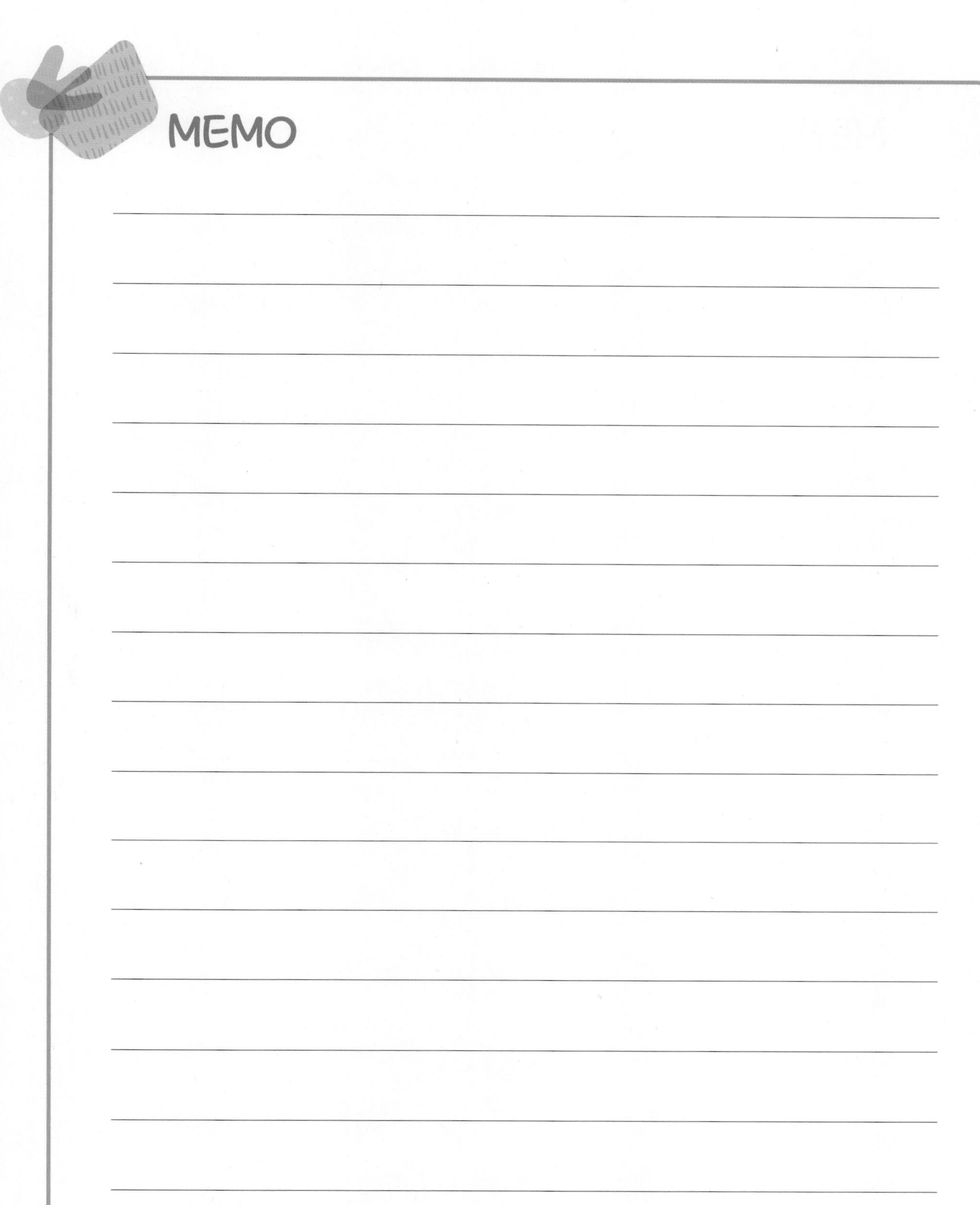
MEMO

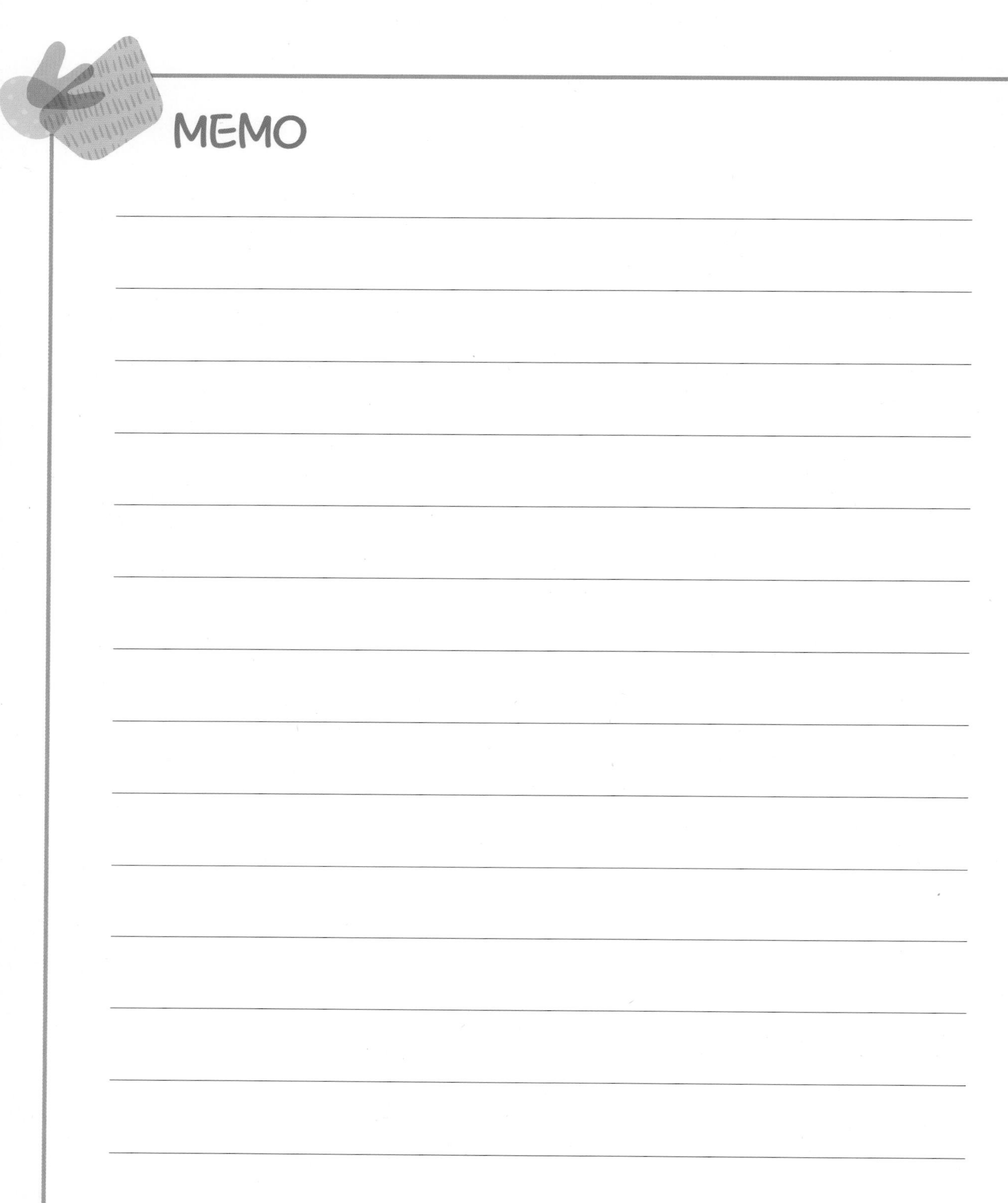
MEMO

문제해결의길잡이

4학년 1학기

문제 해결력 TEST

이름

학교

학년

문제풀이 동영상
틀린 문제는 동영상으로 확인하고,
쌍둥이 문제는 다운받아 반드시 복습하세요.

4학년 1학기

문제 해결력 TEST

시험 시간 40분 문항 수 20개

01

두 수 ㉠과 ㉡이 다음을 만족한다고 할 때 ㉠과 ㉡을 각각 구하시오.

㉠×㉡=399, ㉠−㉡=2

02

그림과 같이 구슬을 놓을 때 여덟째에 놓이는 구슬은 몇 개입니까?

첫째 둘째 셋째 넷째 ……

03

어떤 도형을 오른쪽으로 뒤집은 다음 시계 방향으로 270°만큼 돌린 도형이 다음과 같습니다. 처음 도형을 그려 보시오.

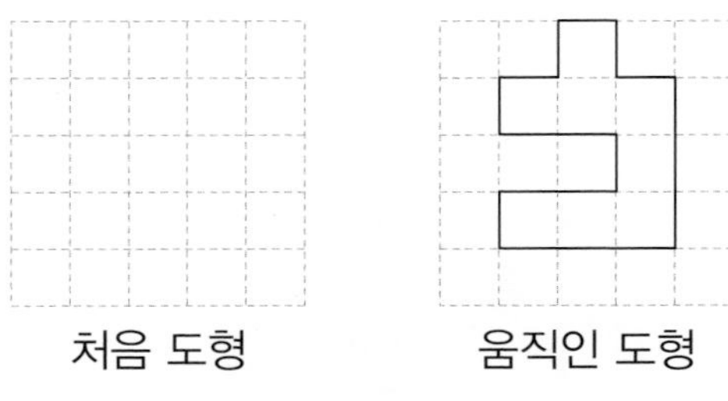

04

주아는 어린이 극장에서 11시 10분에 시작하여 11시 50분에 끝나는 영화를 보았습니다. 주아가 영화를 보는 동안 긴바늘이 움직인 각도를 구하시오.

05

다음 도형에서 각 ㄴㄷㄹ과 각 ㄴㄹㄷ의 크기가 같습니다. 각 ㄱㄴㄹ의 크기는 몇 도입니까?

06

어떤 수를 23배 한 수를 32으로 나누면 몫이 115입니다. 어떤 수를 구하시오.

07

1700원으로 150원짜리와 200원짜리 초콜릿을 합하여 10개 사려고 합니다. 거스름돈이 없도록 사려면 200원짜리 초콜릿은 몇 개 살 수 있습니까?

08

전광판에 나타나 있는 아홉 자리 수 중 일부분이 보이지 않습니다. 각 자리 수의 합이 45이고 백만의 자리 수와 십의 자리 수의 곱이 12입니다. 백만의 자리 수와 십의 자리 수는 각각 얼마입니까? (단, 백만의 자리 수는 십의 자리 수보다 더 큽니다.)

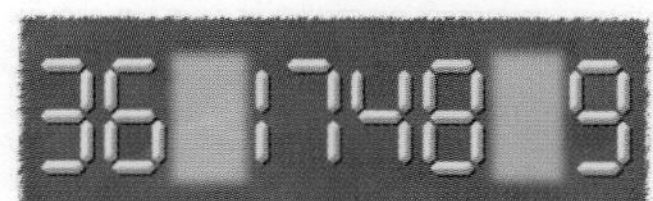

09

저금통에 오늘까지 인수는 18900원, 상아는 9000원을 모았습니다. 내일부터 매일 인수는 500원씩, 상아는 800원씩 저금통에 저금하려고 합니다. 인수와 상아의 저금액이 같아지는 때는 오늘부터 며칠 후입니까?

10

알파벳 카드를 일정한 규칙에 따라 움직인 것입니다. 열일곱째까지 움직인 모양 중에서 셋째 모양과 같은 모양은 모두 몇 개입니까? (단, 셋째 모양도 포함하여 셉니다.)

첫째 둘째 셋째 넷째 다섯째

M → Σ → W → Σ → M → ……

11

바구니에 귤 3개, 사과 2개를 넣고 무게를 재었더니 775 g이었습니다. 같은 바구니에 귤 2개, 사과 2개를 넣고 무게를 재었더니 690 g이 되었습니다. 사과 1개의 무게는 몇 g입니까? (단, 같은 종류의 과일의 무게는 각각 같고, 바구니의 무게는 생각하지 않습니다.)

12

슈퍼에서 우유 1개의 값은 450원이고 5개짜리 묶음으로 포장된 것은 2200원이라고 합니다. 우유 480개를 묶음으로 샀다면 낱개로 사는 것보다 얼마나 싸게 산 것입니까?

13

5장의 서로 다른 수 카드를 한 번씩만 사용하여 다섯 자리 수를 만들려고 합니다. 만들 수 있는 가장 큰 수와 가장 작은 수의 합이 78887일 때 ㉠에 알맞은 수를 구하시오.

14

송희는 파란색 색종이 21장과 빨간색 색종이 37장을 가지고 있고, 창환이는 색종이를 송희가 가진 색종이 수의 2배보다 4장 적게 가지고 있습니다. 창환이가 가지고 있는 색종이를 한 학생에게 7장씩 나누어 준다면 나누어 줄 수 있는 학생은 몇 명입니까?

15

수 카드 6, 5, 9 를 이어 붙여 가장 큰 세 자리 수를 만들었습니다. 만든 세 자리 수를 시계 방향으로 180°만큼 돌려서 생긴 수에서 어떤 수를 뺐더니 224가 되었습니다. 만든 세 자리 수에 어떤 수를 더하면 얼마입니까?

16

보기 의 계산식에서 규칙을 찾아 □ 안에 알맞은 수를 써넣으시오.

$934 \times 936 = \square$

보기

$4 \times 6 = 24$

$14 \times 16 = 224$

$24 \times 26 = 624$

$34 \times 36 = 1224$

$44 \times 46 = 2024$

$54 \times 56 = 3024$

17

통나무를 자르려고 합니다. 한 번 자르는 데 5분이 걸리고 한 번 자를 때마다 2분씩 쉬려고 합니다. 길이가 50 m인 통나무를 2 m 간격으로 자르는 데 걸리는 시간은 몇 시간 몇 분입니까?

18

도형에서 ㉠의 각도는 몇 도입니까?

18°　18°　㉠

19

다음과 같이 규칙적으로 바둑돌을 놓고 있습니다. 열아홉째 줄까지 놓으려면 바둑돌은 모두 몇 개 필요합니까?

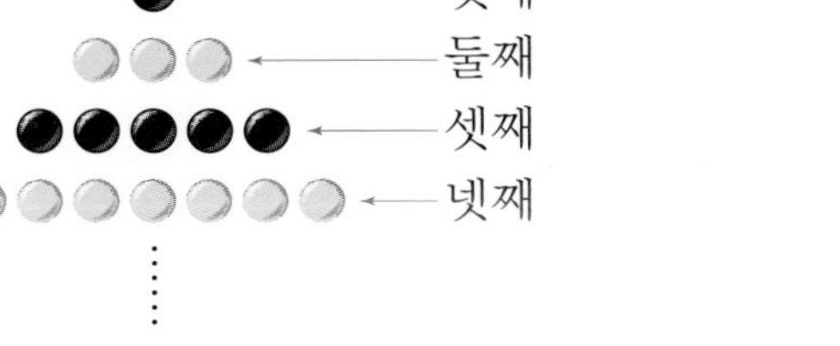

20

지혜네 학교 4학년 반별 학생 수를 조사하여 나타낸 막대그래프입니다. 학교에서 4학년 학생들에게 공책을 2권씩 나누어 주려면 공책을 사는 데 필요한 금액은 얼마입니까? (단, 공책 한 권의 값은 700원입니다.)

반별 학생 수

(명)
10
0
학생 수 / 반
1반 2반 3반 4반
남학생 여학생

미래엔 초등 도서 목록

교과서 달달 쓰기 · 교과서 달달 풀기
1~2학년 국어 • 수학 교과 학습력을 향상시키고
초등 코어를 탄탄하게 세우는 기본 학습서
[4책] 국어 1~2학년 학기별
[4책] 수학 1~2학년 학기별

미래엔 교과서 길잡이, 초코
초등 공부의 핵심[CORE]를 탄탄하게 해 주는
슬림 & 심플한 교과 필수 학습서
[8책] 국어 3~6학년 학기별, [8책] 수학 3~6학년 학기별
[8책] 사회 3~6학년 학기별, [8책] 과학 3~6학년 학기별

전과목 단원평가
빠르게 단원 핵심을 정리하고, 수준별 문제로 실전력을 키우는
교과 평가 대비 학습서
[8책] 3~6학년 학기별

문제 해결의 길잡이

원리 8가지 문제 해결 전략으로 문장제와 서술형 문제 정복
[12책] 1~6학년 학기별

심화 문장제 유형 정복으로 초등 수학 최고 수준에 도전
[6책] 1~6학년 학년별

초등 필수 어휘를 퍼즐로 재미있게 익히는 학습서
[3책] 사자성어, 속담, 맞춤법

하루한장 예비 초등

한글완성
초등학교 입학 전 한글 읽기·쓰기 동시에 끝내기
[3책] 기본 자모음, 받침, 복잡한 자모음

예비초등
기본 학습 능력을 향상하며 초등학교 입학을 준비하기
[4책] 국어, 수학, 통합교과, 학교생활

하루한장 독해

독해 시작편
초등학교 입학 전 기본 문해력 익히기 30일 완성
[2책] 문장으로 시작하기, 짧은 글 독해하기

어휘
문해력의 기초를 다지는 초등 필수 어휘 학습서
[6책] 1~6학년 단계별

독해
국어 교과서와 연계하여 문해력의 기초를 다지는 독해 기본서
[6책] 1~6학년 단계별

독해+플러스
본격적인 독해 훈련으로 문해력을 향상시키는 독해 실전서
[6책] 1~6학년 단계별

비문학 독해 (사회편·과학편)
비문학 독해로 배경지식을 확장하고 문해력을 완성시키는
독해 심화서
[사회편 6책, 과학편 6책] 1~6학년 단계별

상위권
수학 학습서
Steady Seller

수학 상위권 진입을 위한 문장제 해결력 강화

문제 해결의 길잡이

원리

수학 4-1

바른답·알찬풀이

Mirae N 에듀

1장 수·연산

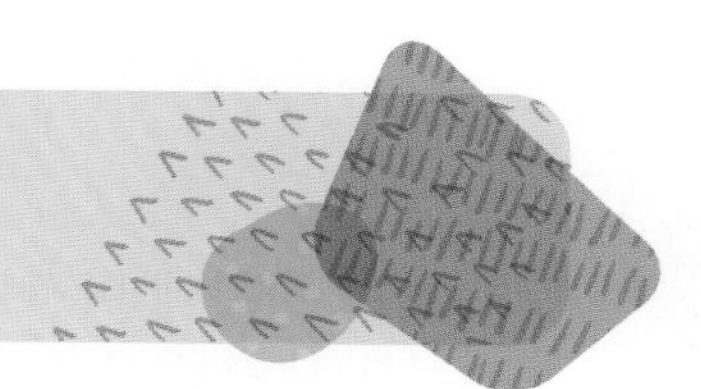

수·연산 시작하기 8~9쪽

1 100:0000(또는 100만) / 백만
2 풀이 참조
3 (위에서부터) 672000 / 562000 / 452000, 652000 / 542000
4 >
5 (왼쪽에서부터) 3276 / 32760 / 10
6 134×25=3350 / 3350개
7 ㉢, ㉠, ㉡
8 3, 18

1 10000이 100개이면 100:0000 또는 100만이라 쓰고 백만이라고 읽습니다.

2

	숫자	나타내는 값
천억의 자리	7	7000:0000:0000
백억의 자리	8	800:0000:0000
십억의 자리	2	20:0000:0000
억의 자리	4	4:0000:0000

3 가로는 오른쪽으로 10만씩 뛰어 세고 세로는 위쪽으로 1만씩 뛰어 세기 합니다.

4 이천사백오십이조 팔천억 ➡ 2452조 8000억
2452조 8000억 > 2449조

5 468×7= 3276
468×70= 32760
10배

7 ㉠ 365÷40=9⋯5
㉡ 423÷30=14⋯3
㉢ 185÷32=5⋯25
➡ 25>5>3이므로 나머지가 큰 것부터 차례로 기호를 쓰면 ㉢, ㉠, ㉡입니다.

8 가장 큰 수는 93이고 가장 작은 수는 25입니다. ➡ 93÷25=3⋯18

식을 만들어 해결하기

익히기 10~11쪽

1 곱셈과 나눗셈

문제 분석 학생 한 명에게 나누어 줄 수 있는 색종이는 몇 장
120 / 6 / 16

해결 전략 곱셈식, 나눗셈식

풀이 ❶ 120, 6, 720
❷ 720, 16, 45

답 45

2 곱셈과 나눗셈

문제 분석 사과를 팔아서 남긴 이익은 얼마
35 / 2 / 52000 / 1000

해결 전략 곱셈식

풀이 ❶ 35, 2, 70
❷ 1000, 70, 70000
❸ 70000, 52000, 18000

답 18000

적용하기 12~15쪽

1 곱셈과 나눗셈

❶ (튤립의 수)
÷(꽃병 한 개에 꽂을 수 있는 튤립의 수)
=468÷15=31⋯3
따라서 튤립을 15송이씩 꽂을 수 있는 꽃병은 31개이고 3송이가 남습니다.

❷ 남는 튤립도 꽃병에 꽂아야 하므로 꽃병은 적어도 31+1=32(개) 필요합니다.

답 32개

2

곱셈과 나눗셈

❶ (4명이 하루에 마시는 우유의 양)
=(한 사람이 하루에 마시는 우유의 양)
×(모둠 학생 수)=180×4=720 (mL)

❷ 5월 한 달은 31일입니다.
(4명이 5월 한 달 동안 마시는 우유의 양)
=(4명이 하루에 마시는 우유의 양)
×(5월 한 달의 날수)
=720×31=22320 (mL)

답 22320 mL

3

곱셈과 나눗셈

❶ (4학년 학생 수)=(한 반의 학생 수)×(반의 수)
=22×13=286(명)

❷ (4학년 학생 수)
÷(버스 한 대에 탈 수 있는 학생 수)
=286÷45=6···16
45명씩 버스 6대에 탈 수 있고 16명이 남습니다.
따라서 남은 16명도 버스에 타야 하므로 버스는 적어도 6+1=7(대) 필요합니다.

답 7대

4

곱셈과 나눗셈

❶ (묶음으로 살 때 과자 한 봉지의 가격)
=(묶음으로 살 때 과자 5봉지의 가격)
÷(봉지 수)=6300÷5=1260(원)

❷ (낱개로 살 때 과자 한 봉지의 가격)
−(묶음으로 살 때 과자 한 봉지의 가격)
=1500−1260=240(원)
따라서 묶음으로 사는 것은 낱개로 사는 것보다 한 봉지에 240원씩 싸게 사는 것입니다.

답 240원

다른 풀이

(낱개로 살 때 과자 5봉지의 가격)
=(낱개로 살 때 과자 한 봉지의 가격)×(봉지 수)
=1500×5=7500(원)
묶음으로 과자 5봉지를 살 때
7500−6300=1200(원) 싸게 사는 것이므로
묶음으로 사는 것은 낱개로 사는 것보다 한 봉지에 1200÷5=240(원)씩 싸게 사는 것입니다.

5

곱셈과 나눗셈

❶ 터널, 792
642+150=792 (m)

❷ (걸리는 시간)
=(터널을 완전히 통과하는 데 달리는 거리)
÷(기차가 1초에 달리는 거리)
=792÷72=11(초)

답 11초

6

곱셈과 나눗셈

❶ (윤아가 읽은 책의 전체 쪽수)
=(윤아가 하루에 읽은 쪽수)×(읽은 날수)
=24×16=384(쪽)

❷ (민수가 32쪽씩 4일 동안 읽은 쪽수)
=32×4=128(쪽)
(민수가 16일 동안 읽어야 하는 쪽수)
=384−128=256(쪽)

❸ (민수가 16일 동안 하루에 읽어야 하는 쪽수)
=256÷16=16(쪽)

답 16쪽

7

곱셈과 나눗셈

❶ **판 달걀은 몇 개인지 구하기**
(판 달걀의 수)
=(한 판에 담은 달걀의 수)×(판 수)
=30×130=3900(개)

❷ **팔고 남은 달걀은 몇 개인지 구하기**
4275−3900=375(개)

답 375개

8

곱셈과 나눗셈

❶ **전체 스케치북은 몇 권인지 구하기**
(전체 스케치북의 수)
=(한 묶음에 들어 있는 스케치북의 수)
×(묶음 수)=24×12=288(권)

❷ **남김없이 나누어 주려면 스케치북은 적어도 몇 권 더 필요한지 구하기**
(전체 스케치북의 수)÷(학생 수)
=288÷21=13···15이므로 21명에게 스케치북을 13권씩 나누어 주면 15권이 남습니다.
따라서 스케치북을 남김없이 나누어 주려면 적어도 21−15=6(권) 더 필요합니다.

답 6권

9

❶ 다리를 완전히 건너는 데 달린 거리는 몇 m인지 구하기

1분=60초이므로 1분 50초=110초입니다.
경전철이 1초에 14 m를 가므로 다리를 완전히 건너는 데 달린 거리는 110초 동안 달린 거리를 구하면 됩니다.

➡ (다리를 완전히 건너는 데 달린 거리)
=(1초에 달리는 거리)
×(다리를 완전히 건너는 데 걸린 시간)
=14×110=1540 (m)

❷ 다리의 길이는 몇 m인지 구하기

(다리의 길이)
=(다리를 완전히 건너는 데 달린 거리)
−(경전철의 길이)
=1540−30=1510 (m)

답 1510 m

표를 만들어 해결하기

익히기 16~17쪽

1

문제 분석 100만 원짜리 수표와 10만 원짜리 수표를 각각 몇 장으로 바꾼 것인지
850 / 40

해결 전략 40

풀이 ❶ 100 /

100만 원짜리 수표 수(장)	8	7	6	5	4
10만 원짜리 수표 수(장)	5	15	25	35	45
합(장)	13	22	31	40	49

❷ 40, 5, 35

답 5, 35

2

문제 분석 농장에 있는 오리와 토끼는 각각 몇 마리
30 / 88

해결 전략 88

풀이 ❶ 2, 4 /

오리의 수(마리)	13	14	15	16	17	……
오리의 다리 수(개)	26	28	30	32	34	……
토끼의 수(마리)	17	16	15	14	13	……
토끼의 다리 수(개)	68	64	60	56	52	……
다리 수의 합(개)	94	92	90	88	86	……

❷ 88, 16, 14

답 16, 14

적용하기 18~21쪽

1

❶

월	1	2	3	4
유리의 저금액(원)	135000	145000	155000	165000
혜리의 저금액(원)	160000	165000	170000	175000

월	5	6	……
유리의 저금액(원)	175000	185000	……
혜리의 저금액(원)	180000	185000	……

유리는 10000씩, 혜리는 5000씩 뛰어 세기를 하여 표를 완성해 봅니다.

❷ 위 표에서 두 사람의 저금액이 같아지는 때는 6월까지 저금했을 때입니다.

답 6월

2

곱셈과 나눗셈

❶ 병규가 집에서 출발한 지 10분 후에 형이 출발하였으므로 형이 출발한 지 1분 후이면 병규는 11분 동안 걸어간 것입니다.

❷

형이 간 시간(분)	1	2	3	4	5	6	……
형이 간 거리(m)	160	320	480	640	800	960	……
병규가 간 시간(분)	11	12	13	14	15	16	……
병규가 간 거리(m)	660	720	780	840	900	960	……

❸ 위 표에서 형과 병규가 간 거리가 같을 때에 만나므로 형은 출발한 지 6분 후에 병규를 만날 수 있습니다.

답 6분 후

3

곱셈과 나눗셈

❶

왼쪽의 쪽수(쪽)	100	102	104	106	……
오른쪽의 쪽수(쪽)	101	103	105	107	……
두 쪽수의 곱	10100	10506	10920	11342	……

책의 두 쪽수는 연속하는 수이므로 두 쪽수의 차가 1이 되어야 합니다.

❷ 위 표에서 두 쪽수의 곱이 10920인 경우를 찾으면 두 쪽수는 104쪽과 105쪽입니다.

답 104쪽, 105쪽

4

큰 수

❶

500원짜리 동전의 수(개)	6	7	8	9	10	11
500원짜리 동전의 금액(원)	3000	3500	4000	4500	5000	5500
100원짜리 동전의 수(개)	6	5	4	3	2	1
100원짜리 동전의 금액(원)	600	500	400	300	200	100
금액의 합(원)	3600	4000	4400	4800	5200	5600

❷ 앞 표에서 금액의 합이 4800원인 경우를 찾으면 500원짜리 동전은 9개, 100원짜리 동전은 3개입니다.

답 500원짜리 동전: 9개,
100원짜리 동전: 3개

5

큰 수

❶

10만 원짜리 수표 수(장)	40	39	38	……	31	30	29
5만 원짜리 지폐 수(장)	0	2	4	……	18	20	22
합(장)	40	41	42	……	49	50	51

5만이 2개인 수가 10만임을 이용하여 표를 완성해 봅니다.

❷ 위 표에서 수표와 지폐 수의 합이 50장이 되는 경우를 찾으면 10만 원짜리 수표는 30장, 5만 원짜리 지폐는 20장으로 바꾼 것입니다.

답 10만 원짜리 수표: 30장,
5만 원짜리 지폐: 20장

6

곱셈과 나눗셈

❶

4점짜리 과녁을 맞힌 화살 수(개)	10	11	12	13	14	……
4점짜리 과녁에서 얻은 점수(점)	40	44	48	52	56	……
6점짜리 과녁을 맞힌 화살 수(개)	12	11	10	9	8	……
6점짜리 과녁에서 얻은 점수(점)	72	66	60	54	48	……
점수의 합(점)	112	110	108	106	104	……

❷ 위 표에서 점수의 합이 106점인 경우를 찾으면 4점짜리 과녁은 13개, 6점짜리 과녁은 9개를 맞힌 것입니다.

답 4점짜리 과녁: 13개,
6점짜리 과녁: 9개

7

곱셈과 나눗셈

❶ **사탕이 초콜릿보다 3개 적도록 사탕의 수와 초콜릿의 수를 표로 나타내기**

사탕의 수(개)	20	21	22	23	24	……
초콜릿의 수(개)	23	24	25	26	27	……
두 수의 곱	460	504	550	598	648	……

❷ **사탕과 초콜릿은 각각 몇 개인지 구하기**
앞 표에서 사탕의 수와 초콜릿의 수의 곱이 598인 경우를 찾으면 사탕은 23개, 초콜릿은 26개입니다.

답 사탕: 23개, 초콜릿: 26개

8 곱셈과 나눗셈

❶ **달력에서 같은 요일에 있는 위아래의 두 날짜의 관계 구하기**
일주일은 7일이므로 같은 요일에 있는 위아래의 두 날짜는 7일씩 차이가 납니다.

❷ **두 날짜의 수의 차가 7이 되도록 표 만들기**

위 날짜의 수	10	11	12	13	14	……
아래 날짜의 수	17	18	19	20	21	……
두 수의 곱	170	198	228	260	294	……

❸ **곱한 두 수 구하기**
위 표에서 곱이 260인 경우를 찾으면 13과 20입니다.

답 13, 20

9 곱셈과 나눗셈

❶ **100원짜리 동전과 50원짜리 동전의 수의 합이 20개가 되도록 표 만들기**

100원짜리 동전의 수(개)	10	11	12	13	14	……
100원짜리 동전의 금액(원)	1000	1100	1200	1300	1400	
50원짜리 동전의 수(개)	10	9	8	7	6	……
50원짜리 동전의 금액(원)	500	450	400	350	300	……
금액의 합(원)	1500	1550	1600	1650	1700	……

❷ **100원짜리 동전과 50원짜리 동전은 각각 몇 개인지 구하기**
위 표에서 금액의 합이 1650원인 경우를 찾으면 100원짜리 동전은 13개, 50원짜리 동전은 7개입니다.

답 100원짜리 동전: 13개,
50원짜리 동전: 7개

거꾸로 풀어 해결하기

익히기 22~23쪽

1 곱셈과 나눗셈

문제 분석 바르게 계산했을 때의 몫과 나머지
45 / 19, 8

해결 전략 ■, ★

풀이 ❶ 25, 19, 475 / 475, 475, 8, 483
❷
```
        1 0
4 5 ) 4 8 3
      4 5
      -----
        3 3
```

답 10, 33

2 곱셈과 나눗셈

문제 분석 처음 입력한 수는 얼마
2 / 5

해결 전략 192

풀이 ❶ 2, 2, 2, 2, 2
❷ 2, 96 / 96, 2, 48 / 48, 2, 24 / 24, 2, 12 / 12, 2, 6

답 6

적용하기 24~27쪽

1 큰 수

❶ 88억=88 0000 0000
88억을 100배 하기 전의 수는 88 0000 0000의 끝자리 뒤에 0을 2개 뺀 8800 0000(또는 8800만)입니다.

❷ 어떤 수는 8800 0000을 1000배 하기 전의 수와 같으므로 8800 0000의 끝자리 뒤에 0을 3개 뺀 8 8000(또는 8만 8000)입니다.

답 8 8000(또는 8만 8000)

2

곱셈과 나눗셈

❶ 철호와 명준이가 가진 구슬의 수가 똑같이 128개가 되었으므로 명준이가 지금 가지고 있는 구슬은 128개입니다.

❷ 철호는 명준이가 가지고 있던 구슬의 수만큼 구슬을 주었으므로 철호가 명준이에게 준 구슬은 128÷2=64(개)입니다.

❸ (철호가 처음에 가지고 있던 구슬의 수)
=128+64=192(개)
(명준이가 처음에 가지고 있던 구슬의 수)
=128−64=64(개)

답 철호: 192개, 명준: 64개

3

곱셈과 나눗셈

❶ 어떤 수에 잘못 곱한 수는 16의 십의 자리 수와 일의 자리 수가 바뀐 수이므로 61입니다.

❷ 어떤 수를 □라 하면 □×61=793이므로
□=793÷61=13입니다.

❸ (어떤 수)×16=13×16=208

답 208

4

곱셈과 나눗셈

❶

어떤 수 —(×5)→ 첫 번째 나온 결과 —(×5)→ 두 번째 나온 결과 —(×5)→ 1375
1375 —(÷5)→ 두 번째 나온 결과 —(÷5)→ 첫 번째 나온 결과 —(÷5)→ 어떤 수

❷ (두 번째 나온 결과)=1375÷5=275
(첫 번째 나온 결과)=275÷5=55
(어떤 수)=55÷5=11

답 11

5

큰 수

❶ 1만씩 커지도록 3번 뛰어 세기 전의 수는 245:8000에서 거꾸로 1만씩 작아지도록 3번 뛰어 센 수입니다.
245:8000−244:8000−243:8000−242:8000
따라서 1만씩 커지도록 3번 뛰어 세기 전의 수는 242:8000(또는 242만 8000)입니다.

❷ 어떤 수는 242:8000에서 거꾸로 10만씩 작아지도록 4번 뛰어 센 수입니다.
242:8000−232:8000−222:8000
−212:8000−202:8000
따라서 어떤 수는 202:8000
(또는 202만 8000)입니다.

답 202:8000(또는 202만 8000)

6

곱셈과 나눗셈

❶ 어떤 수에 42를 곱한 후 203을 더하면 875이므로 어떤 수에 42를 곱한 수는
875−203=672입니다.

❷ (어떤 수)×42=672이므로
(어떤 수)=672÷42=16입니다.

❸ 어떤 수는 16이므로 16×53=848입니다.

답 848

7

큰 수

❶ **이번 달에서 4개월 전 저금한 후까지 통장의 금액을 거꾸로 생각하기**
2357:6800(또는 2357만 6800)에서 100만씩 거꾸로 4번 뛰어 센 수를 구합니다.

❷ **4개월 전 저금한 후 통장에 있던 금액 구하기**
2357:6800에서 100만씩 거꾸로 뛰어 세면 백만의 자리 수가 1씩 작아집니다.

2357:6800 — 2257:6800 (1개월 전) — 2157:6800 (2개월 전) — 2057:6800 (3개월 전) — 1957:6800 (4개월 전)

따라서 4개월 전 저금한 후 통장에 있던 금액은 1957:6800(또는 1957만 6800)원입니다.

답 1957:6800(또는 1957만 6800)원

8

곱셈과 나눗셈

❶ **어떤 수 구하기**
어떤 수를 □라 하면 □÷25=16···12입니다.
25×16=400, 400+12=□, □=412

❷ **바르게 계산했을 때 몫과 나머지의 합 구하기**
어떤 수가 412이므로 바르게 계산하면
412÷35=11···27입니다.
따라서 몫은 11, 나머지는 27이므로 몫과 나머지의 합을 구하면 11+27=38입니다.

답 38

9 큰 수

❶ **10조씩 커지도록 5번 뛰어 세기 전의 수 구하기**

10조씩 커지도록 5번 뛰어 세기 전의 수는 670조에서 거꾸로 10조씩 작아지도록 5번 뛰어 센 수입니다.

670조－660조－650조－640조－630조－620조

따라서 10조씩 커지도록 5번 뛰어 세기 전의 수는 620조(또는 620:0000:0000:0000)입니다.

❷ **어떤 수 구하기**

1000배씩 2번 뛰어 센 수는 100:0000배 한 수와 같습니다.

어떤 수를 100:0000배 한 수가 620:0000:0000:0000이므로 어떤 수는 620:0000:0000:0000의 끝자리 뒤에 0을 6개 뺀 6:2000:0000(또는 6억 2000만)입니다.

답 6:2000:0000(또는 6억 2000만)

예상과 확인으로 해결하기

익히기 28~29쪽

1 곱셈과 나눗셈

문제 분석 ㉢, ㉥, ㉦에 알맞은 수

해결 전략 2, 9

풀이 ❶ 없습니다

❷ 9, 7

❸

		1	5	[9]
	×		[7]	8
	[1]	2	[7]	2
[1]	[1]	[1]	3	
[1]	[2]	[4]	[0]	2

/ 1, 1, 4

답 1, 1, 4

2 곱셈과 나눗셈

문제 분석 진규가 가지고 있는 구슬은 몇 개이고, 진규가 나누어 주려는 친구는 몇 명

2 / 6

해결 전략 같은지

풀이 ❶ 7, 42, 42, 44 / 7, 49, 49, 43 / 다릅니다

❷ 8, 48, 48, 50 / 8, 56, 56, 50 / 같습니다

❸ 8, 50, 8

답 50, 8

적용하기 30~33쪽

1 곱셈과 나눗셈

❶ 608, 658, 538

608÷2=304, 197÷2=98⋯1,
658÷2=329, 167÷2=83⋯1,
538÷2=269

❷ • ㉠=608이라고 예상하면 608÷2=304이므로 304=132+㉡,
㉡=304－132=172
➡ ㉡에 알맞은 수가 없습니다.

• ㉠=658이라고 예상하면 658÷2=329이므로 329=132+㉡,
㉡=329－132=197
➡ ㉡에 알맞은 수가 있습니다.

• ㉠=538이라고 예상하면 538÷2=269이므로 269=132+㉡,
㉡=269－132=137
➡ ㉡에 알맞은 수가 없습니다.

따라서 식을 완성하면 658÷2=132+197이므로 ㉠=658, ㉡=197입니다.

답 ㉠: 658, ㉡: 197

2 곱셈과 나눗셈

❶ 5개씩 담을 때 비누의 수:
5×6=30 → 30+7=37
6개씩 담을 때 비누의 수:
6×6=36 → 36－1=35
➡ 비누의 수가 다릅니다.

❷ • 작은 상자가 7개 있다고 예상하면
5개씩 담을 때 비누의 수:
$5\times7=35 \rightarrow 35+7=42$
6개씩 담을 때 비누의 수:
$6\times7=42 \rightarrow 42-1=41$
➡ 비누의 수가 다릅니다.
• 작은 상자가 8개 있다고 예상하면
5개씩 담을 때 비누의 수:
$5\times8=40 \rightarrow 40+7=47$
6개씩 담을 때 비누의 수:
$6\times8=48 \rightarrow 48-1=47$
➡ 비누의 수가 같습니다.
따라서 비누는 47개이고, 작은 상자는 8개입니다.

답 비누: 47개, 작은 상자: 8개

3

덧셈과 뺄셈

❶ 28, 42, 28, 42

❷ 합을 28부터 42까지의 수 중 한 수라고 예상하고 확인해 봅니다.
• 합을 34라고 예상하여 3, 4를 제외한 나머지 수의 합을 확인하면
$1+2+5+6+7+8+9=38$이므로 조건을 만족하지 않습니다.
• 합을 36이라고 예상하여 3, 6을 제외한 나머지 수의 합을 확인하면
$1+2+4+5+7+8+9=36$이므로 조건을 만족합니다.

답 예 $1+2+4+5+7+8+9=36$

참고 더하는 순서는 바뀌어도 정답입니다.

4

곱셈과 나눗셈

❶ 3000, 3750 / 6750 / (틀립니다)

❷ • 무게가 200 g인 감자를 16개, 250 g인 감자를 14개 캤다고 예상하면
$200\times16=3200$ (g), $250\times14=3500$ (g)
➡ 전체 무게가 6700 g이므로 틀렸습니다.
• 무게가 200 g인 감자를 17개, 250 g인 감자를 13개 캤다고 예상하면
$200\times17=3400$ (g), $250\times13=3250$ (g)
➡ 전체 무게가 6650 g이므로 틀렸습니다.
• 무게가 200 g인 감자를 18개, 250 g인 감자를 12개 캤다고 예상하면
$200\times18=3600$ (g), $250\times12=3000$ (g)
➡ 전체 무게가 6600 g이므로 맞습니다.
따라서 무게가 200 g인 감자를 18개, 무게가 250 g인 감자를 12개 캔 것입니다.

답 무게가 200 g인 감자: 18개,
무게가 250 g인 감자: 12개

5

곱셈과 나눗셈

❶
```
       5  ▲
15) 7  9  ■
    7  5
    ------
       4  ■
```

❷ • ▲=2라고 예상하면 $15\times2=30$이므로
4■−30이 두 자리 수가 됩니다.
➡ ■가 될 수 있는 한 자리 수는 없습니다.
• ▲=3이라고 예상하면 $15\times3=45$이므로
4■−45는 한 자리 수가 됩니다.
➡ ■가 될 수 있는 수는 6, 7, 8, 9입니다.

답 6, 7, 8, 9

6

곱셈과 나눗셈

❶ 두 수의 합의 일의 자리 수는 0, 곱의 일의 자리 수는 4가 되어야 합니다.
$6+4=10$, $6\times4=24$이므로 구하려는 두 수의 일의 자리 수는 각각 4와 6이 되어야 합니다.

❷ • 두 수를 14와 $50-14=36$이라고 예상하면 $14\times36=504$이므로 624가 아닙니다.
• 두 수를 16과 $50-16=34$라고 예상하면 $16\times34=544$이므로 624가 아닙니다.
• 두 수를 24와 $50-24=26$이라고 예상하면 $24\times26=624$가 맞습니다.
따라서 합이 50이고, 곱이 624인 두 수를 찾으면 24와 26입니다.

답 24, 26

다른 전략 표를 만들어 해결하기

한 수	4	14	24	34	44
다른 수	46	36	26	16	6
곱	184	504	624	544	264

➡ 합이 50, 곱이 624인 두 수는 24, 26입니다.

7

❶ **이 수의 십의 자리 수와 일의 자리 수가 될 수 있는 조건 찾기**

2209는 $40 \times 40 = 1600$보다 크고 $50 \times 50 = 2500$보다 작으므로 이 수는 십의 자리 수가 4인 두 자리 수입니다. 2209의 일의 자리 수가 9이고 $3 \times 3 = 9$, $7 \times 7 = 49$이므로 이 수의 일의 자리 수는 3 또는 7입니다.

❷ **예상하고 확인하여 곱한 수 구하기**

- 43이라고 예상하면 $43 \times 43 = 1849$입니다.
- 47이라고 예상하면 $47 \times 47 = 2209$입니다.

따라서 구하는 수는 47입니다.

답 47

8

❶ **나누는 수의 조건 구하기**

나머지가 90이므로 나누는 수는 90보다 큰 수입니다.

❷ **나누는 수를 90보다 큰 수가 되도록 예상하고 확인하기**

- 나누는 수를 94라고 예상하면 나누어지는 수는 $94 \times 4 = 376$, $376 + 90 = 466$이 됩니다.
  ➡ 주어진 수 카드에 6은 없으므로 만족하지 않습니다.
- 나누는 수를 95라고 예상하면 나누어지는 수는 $95 \times 4 = 380$, $380 + 90 = 470$이 됩니다.
  ➡ 주어진 수 카드에 4, 7, 0이 모두 있고 한 번씩 모두 사용하게 되므로 만족합니다.
- 나누는 수를 97이라고 예상하면 나누어지는 수는 $97 \times 4 = 388$, $388 + 90 = 478$이 됩니다.
  ➡ 주어진 수 카드에 8은 없으므로 만족하지 않습니다.

❸ **나눗셈식 완성하기**

$470 \div 95 = 4 \cdots 90$

답 [4][7][0] ÷ [9][5] = 4…90

참고
- 나머지가 있는 나눗셈에서 나누는 수와 몫의 곱에 나머지를 더하면 나누어지는 수가 되어야 합니다.
- 나눗셈에서 나머지는 항상 나누는 수보다 작습니다.

9

❶ **맞힌 문제를 6문제라고 예상하고 확인하기**

맞힌 문제가 6문제라고 예상하면 틀린 문제는 4문제입니다. 얻은 점수는 $6 \times 6 = 36$(점), 잃은 점수는 $3 \times 4 = 12$(점)입니다.

➡ 최종 점수는 $40 + 36 - 12 = 64$(점)이므로 82점이 아닙니다.

❷ **맞힌 문제의 수를 예상하고 확인하여 구하기**

- 맞힌 문제가 7문제라고 예상하면 틀린 문제는 3문제입니다. 얻은 점수는 $6 \times 7 = 42$(점), 잃은 점수는 $3 \times 3 = 9$(점)입니다.
  ➡ 최종 점수는 $40 + 42 - 9 = 73$(점)이므로 82점이 아닙니다.
- 맞힌 문제가 8문제라고 예상하면 틀린 문제는 2문제입니다. 얻은 점수는 $6 \times 8 = 48$(점), 잃은 점수는 $3 \times 2 = 6$(점)입니다.
  ➡ 최종 점수는 $40 + 48 - 6 = 82$(점)이므로 맞습니다.

따라서 상희는 8문제를 맞혔습니다.

답 8문제

조건을 따져 해결하기

익히기 34~35쪽

1

문제 분석 조건에 맞는 가장 작은 수

여덟 / 0 / 천 / 1, 7, 2

풀이
❶ [ ][ ][ ][ ][ ][0][ ][ ]
❷ (같고), 2 / [ ][ ][2][ ][2][0][ ][ ]
❸ (작은 수) / [1][5][2][6][2][0][7][9]

답 15262079

2

문제 분석 한 반이 내야 하는 미술관 입장료는 얼마

528 / 24 / 같습니다 / 500

풀이
❶ 24, 24, 22
❷ 22, 22, 11000

답 11000

적용하기 36~39쪽

1 큰 수

❶ 가: 3845|0000에서 3은 천만의 자리 숫자이므로 3이 나타내는 값은 3000|0000입니다.
나: 1923|1000에서 3은 만의 자리 숫자이므로 3이 나타내는 값은 3|0000입니다.

❷ 3000|0000은 3|0000의 1000배입니다.

답 1000배

2 곱셈과 나눗셈

❶ 748÷15=49···13이므로 □ 안에 들어갈 수 있는 자연수 중에서 가장 큰 수는 49입니다.

❷ 49÷19=2···11
따라서 나머지는 11입니다.

답 11

3 큰 수

❶ □□□8□□□

❷ 가장 작은 일곱 자리 수이고 가장 높은 자리에는 0이 올 수 없으므로 백만의 자리 숫자는 1이어야 합니다. ➡ 1□□8□□□
가장 작은 수이고 0이 3개이므로 나머지 빈칸 중 높은 자리부터 0을 차례로 3개 씁니다.
➡ 10080□□
가장 작은 수가 되기 위해 남은 빈칸에는 모두 1을 씁니다. ➡ 1008011
따라서 조건을 만족하는 가장 작은 일곱 자리 수는 1008011입니다.

답 1008011

4 곱셈과 나눗셈

❶ 800÷15=53···5이므로 53다발까지 만들 수 있고, 5송이가 남습니다.

❷ 장미꽃 한 다발은 5000원이므로 53다발을 판매한 금액은 53×5000=265000(원)입니다.
남은 장미꽃은 한 송이에 1000원이므로 5송이를 판매한 금액은 5×1000=5000(원)입니다.
따라서 장미꽃을 모두 판매한 금액은
265000+5000=270000(원)입니다.

답 270000원

5 곱셈과 나눗셈

❶ 9>7>6>2>1이므로 정희가 만들 수 있는 가장 큰 세 자리 수는 976이고 두 번째로 큰 세 자리 수는 972입니다.

❷ 3<4<5<8이므로 윤호가 만들 수 있는 가장 작은 두 자리 수는 34입니다.

❸ 972×34=33048

답 972×34=33048

6 곱셈과 나눗셈

❶ 몫이 가장 크려면 나누어지는 수는 가장 크게, 나누는 수는 가장 작게 만들어야 합니다.
➡ 나누어지는 수는 만들 수 있는 가장 큰 세 자리 수인 976이고, 나누는 수는 만들 수 있는 가장 작은 두 자리 수인 23입니다.

❷ 976÷23=42···10이므로 몫은 42, 나머지는 10입니다.

답 9 7 6 ÷ 2 3,
몫: 42, 나머지: 10

7 큰 수

❶ **㉠과 ㉡이 나타내는 값 각각 구하기**
㉠의 1은 백만의 자리 숫자이므로 ㉠이 나타내는 값은 100|0000입니다.
㉡의 1은 천의 자리 숫자이므로 ㉡이 나타내는 값은 1000입니다.

❷ **㉠이 나타내는 값은 ㉡이 나타내는 값의 몇 배인지 구하기**
100|0000은 1000의 1000배입니다.

답 1000배

8 곱셈과 나눗셈

❶ **㉠과 ㉡의 수 각각 구하기**
㉠ 141÷36=3···33이므로 ≪141, 36≫의 값은 3+33=36입니다.
㉡ 312÷55=5···37이므로 ≪312, 55≫의 값은 5+37=42입니다.

❷ **㉠과 ㉡ 중 더 큰 수의 기호 쓰기**
36<42이므로 더 큰 수는 ㉡입니다.

답 ㉡

9

곱셈과 나눗셈

❶ **60으로 나누었을 때 몫이 5가 되는 세 자리 수 중 가장 작은 수와 가장 큰 수 구하기**

60으로 나누었을 때 몫이 5가 되는 가장 작은 수는 나누어떨어질 때이고 가장 큰 수는 나머지가 59일 때입니다.
따라서 가장 작은 수는 $60 \times 5 = 300$,
가장 큰 수는 $300 + 59 = 359$입니다.

❷ **0부터 9까지의 수 중 □ 안에 들어갈 수 있는 수는 모두 몇 개인지 구하기**

300부터 359까지의 수 중 3□2가 될 수 있는 수는 302, 312, 322, 332, 342, 352입니다.
따라서 □ 안에 들어갈 수 있는 수는
0, 1, 2, 3, 4, 5로 모두 6개입니다.

답 6개

단순화하여 해결하기

익히기 40~41쪽

1

곱셈과 나눗셈

문제 분석 필요한 나무는 모두 몇 그루

900 / 5

풀이 ❶ 2, 2, 3 / 3, 3, 4 / 1
❷ 180 / 180, 1, 181
❸ 181, 362

답 362

2

곱셈과 나눗셈

문제 분석 필요한 ♡ 모양의 붙임 딱지는 몇 개

정사각형 / 30

풀이 ❶ 8 / 12 / 4
❷ 30, 29 / 29, 4, 116

답 116

적용하기 42~45쪽

1

곱셈과 나눗셈

❶ 60:0000 / 100:0000 / 150:0000

❷ 두 수의 곱을 답으로 구하는 것이 아니라 두 수의 곱의 크기를 비교하는 것입니다. 두 수의 가까운 수 중 계산하기 편한 수로 어림하여 나타낸 후 계산하면 쉽게 곱의 크기를 비교할 수 있습니다.
따라서 ❶에서 어림하여 구한 곱의 크기를 비교하면 150:0000 > 100:0000 > 60:0000이므로 곱이 큰 것부터 차례로 기호를 쓰면 ㉢, ㉡, ㉠입니다.

답 ㉢, ㉡, ㉠

2

곱셈과 나눗셈

❶ 30, 2 / 45, 3

❷ (필요한 의자 수)=(산책로의 길이)÷(간격)이므로 360 m인 산책로에 15 m 간격으로 의자를 놓을 때 필요한 의자는
$360 \div 15 = 24$(개)입니다.

답 24개

3

큰 수

❶ 20, 21, 22, 23, 24, 25, 26, 27, 28, 29로 모두 10개입니다. ➡ $30 - 19 - 1 = 10$(개)와 같이 구할 수 있습니다.

❷ 30:0000:0000 − 19:9999:9999 − 1
= 10:0000:0001 − 1 = 10:0000:0000(개)

답 10:0000:0000개(또는 10억 개)

참고 ■보다 크고 ▲보다 작은 자연수의 개수는 (■ − ▲ − 1)개입니다.

4

덧셈과 뺄셈

❶ $203 - 102 = 101$

❷ $203 + 206 = 409$, $102 + 105 = 207$이므로
$409 - 207 = 202$입니다.
➡ $101 + 101 = 101 \times 2 = 202$

❸ $203 + 206 + 209 = 618$,
$102 + 105 + 108 = 315$이므로
$618 - 315 = 303$입니다.
➡ $101 + 101 + 101 = 101 \times 3 = 303$

❹ ㉠과 ㉡에서 더한 수가 ■개이면 계산한 결과의 차는 (101×■)입니다.
㉠과 ㉡은 더한 수가 10개이므로 계산한 결과의 차는 101×10=1010입니다.

답 1010

다른 풀이
㉠의 식에서 ㉡의 식을 빼면
㉠(203+206+209+212+215+218+221+224+227+230)
−㉡(102+105+108+111+114+117+120+123+126+129)
=101+101+101+101+101+101+101+101+101+101
=101×10=1010

5

곱셈과 나눗셈

❶ 7을 5번 곱한 곱의 일의 자리 숫자는 7입니다. 따라서 7을 6번 곱한 곱의 일의 자리 숫자는 7×7=49이므로 9, 7을 7번 곱한 곱의 일의 자리 숫자는 9×7=63이므로 3, 7을 8번 곱한 곱의 일의 자리 숫자는 3×7=21이므로 1입니다.

❷ 곱의 일의 자리 숫자는 7, 9, 3, 1로 4개의 숫자가 반복되는 규칙이 있습니다.

❸ 101÷4=25⋯1이므로 7을 101번 곱했을 때 곱의 일의 자리 숫자는 7을 1번 곱했을 때 일의 자리 숫자와 같은 7입니다.

답 7

6

곱셈과 나눗셈

❶ • 길이가 150 cm인 쇠 파이프를 75 cm 간격으로 자르면 150÷75=2(도막)이 되고 자르는 횟수는 2−1=1(번)입니다.
자르는 횟수가 1번이므로 걸리는 시간은 1×4=4(초)입니다.
• 길이가 225 cm인 쇠 파이프를 75 cm 간격으로 자르면 225÷75=3(도막)이 되고 자르는 횟수는 3−1=2(번)입니다.
자르는 횟수가 2번이므로 걸리는 시간은 2×4=8(초)입니다.

❷ 쇠 파이프가 2도막이 되면 자르는 횟수는 1번이고, 3도막이 되면 자르는 횟수는 2번이므로 (자르는 횟수)=(도막 수)−1입니다.

❸ 30 m=3000 cm이므로 3000÷75=40(도막)이 되고 자르는 횟수는 40−1=39(번)입니다. 자르는 횟수가 39번이므로 걸리는 시간은 39×4=156(초)입니다.

답 156초

7

곱셈과 나눗셈

❶ **한 변에 가로등이 3개, 4개가 되도록 설치할 때 필요한 가로등은 각각 몇 개인지 구하기**
• 한 변에 가로등이 3개가 되도록 설치하면 가로등이 2개씩 6묶음이 되므로 필요한 가로등은 2×6=12(개)입니다.

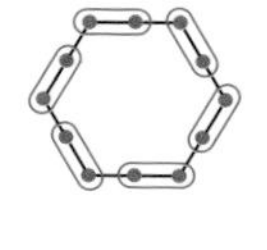

• 한 변에 가로등이 4개가 되도록 설치하면 가로등이 3개씩 6묶음이 되므로 필요한 가로등은 3×6=18(개)입니다.

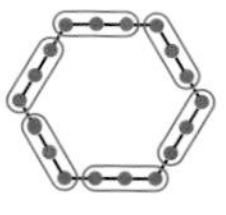

➡ 필요한 가로등의 수는 (한 변에 놓는 가로등의 수)−1을 구한 후 그 값에 6을 곱하여 구합니다.

❷ **한 변에 가로등이 43개가 되도록 설치하려면 필요한 가로등은 몇 개인지 구하기**
43−1=42이므로 필요한 가로등은 42×6=252(개)입니다.

답 252개

8

곱셈과 나눗셈

❶ **㉠, ㉡, ㉢을 (몇백)÷(몇십)으로 어림하여 몫과 나머지 구하기**
㉠ 912÷37 ➡ 900÷40=22⋯20
㉡ 496÷11 ➡ 500÷10=50
㉢ 694÷18 ➡ 700÷20=35

❷ **❶의 어림하여 구한 몫의 크기 비교하기**
어림하여 구한 몫이 ㉠은 22, ㉡은 50, ㉢은 35이므로 22<35<50입니다.

❸ **나눗셈의 몫이 작은 것부터 차례로 기호 쓰기**
나누어지는 수와 나누는 수를 가장 가까운 수로 어림하여 몫을 구하였으므로 어림하여 구한 몫으로 주어진 나눗셈의 몫의 크기를 비교할 수 있습니다.
따라서 나눗셈의 몫이 작은 것부터 차례로 기호를 쓰면 ㉠, ㉢, ㉡입니다.

답 ㉠, ㉢, ㉡

다른 풀이

㉠ $912\div37=24\cdots24$
㉡ $496\div11=45\cdots1$
㉢ $694\div18=38\cdots10$
$24<38<45$이므로 몫이 작은 것부터 차례로 기호를 쓰면 ㉠, ㉢, ㉡입니다.

9 곱셈과 나눗셈

❶ **한 변이 2 m, 3 m인 정사각형 모양의 땅에 1 m 간격으로 화분을 놓을 때 필요한 화분은 각각 몇 개인지 구하기**

- 한 변이 2 m인 정사각형 모양의 땅일 때 한 변에 화분을 3개씩 놓을 수 있고 2개씩 4묶음이 되므로 필요한 화분은 $2\times4=8$(개)입니다.
- 한 변이 3 m인 정사각형 모양의 땅일 때 한 변에 화분을 4개씩 놓을 수 있고 3개씩 4묶음이 되므로 필요한 화분은 $3\times4=12$(개)입니다.

➡ 한 변이 ■ m인 정사각형 모양의 땅일 때 필요한 화분은 (■×4)개입니다.

❷ **한 변이 60 m인 정사각형 모양의 땅에 1 m 간격으로 화분을 놓을 때 필요한 화분은 몇 개인지 구하기**

한 변이 60 m인 정사각형 모양의 땅이므로 필요한 화분은 $60\times4=240$(개)입니다.

답 240개

수·연산 마무리하기 1회 46~49쪽

1 10개 **2** 528장
3 2800원
4 9298 7785 2353
5 ㉠: 2, ㉡: 7, ㉢: 2, ㉣: 1, ㉤: 2, ㉥: 2
6 500원짜리 동전: 11개, 100원짜리 동전: 3개
7 16모둠, 7개
8 4549억(또는 4549 0000 0000)
9 9월 **10** 285개

1 식을 만들어 해결하기

$538\div60=8\cdots58$이므로 8개의 상자에 나누어 담고 58개가 남았습니다.
$58\div12=4\cdots10$이므로 4개의 바구니에 나누어 담고 10개가 남았습니다.
따라서 상자와 바구니에 담고 남은 야구공은 10개입니다.

2 조건을 따져 해결하기

5 2170 0000=5 2100 0000+70 0000
5 2170 0000은 100만이 521개, 10만이 7개인 수이므로 5 2170 0000원을 가장 적은 수의 수표로 바꾸려면
100만 원짜리 수표 521장,
10만 원짜리 수표 7장으로 바꾸어야 합니다.
따라서 수표는 모두 $521+7=528$(장)입니다.

참고 가장 적은 수의 수표로 바꾸려면 100만 원 짜리 수표로 가능한 많이 바꿔야 합니다.

3 식을 만들어 해결하기

(사탕 24개를 산 금액)
$=400\times24=9600$(원)
(초콜릿 32개를 산 금액)
$=550\times32=17600$(원)
(수진이가 받아야 할 거스름돈)
$=30000-9600-17600$
$=20400-17600$
$=2800$(원)

4 조건을 따져 해결하기

6장의 수 카드를 두 번씩 모두 사용하여 만들 수 있는 숫자는 12자리 수입니다.
$2+2=4$이므로 백억의 자리 숫자와 천의 자리 숫자는 2입니다.
십만의 자리 숫자가 8, 백억의 자리 숫자가 2, 천의 자리 숫자가 2인 12자리 수는
□2□□ □□8□ 2□□□입니다.
$9>8>7>5>3>2$이므로 만들 수 있는 가장 큰 수는 9298 7785 2533이고 두 번째로 큰 수는 9298 7785 2353입니다.

5 예상과 확인으로 해결하기

5와 곱해서 일의 자리 수가 5인 수는 1, 3, 5, 7, 9입니다.

- ㉡=1이라고 예상하면 75×1=75로 ㉠75×1=1975를 만족하는 ㉠은 없습니다.
- ㉡=3이라고 예상하면 75×3=225로 ㉠75×3=1925를 만족하는 ㉠은 없습니다.
- ㉡=5라고 예상하면 75×5=375로 ㉠75×5=1975를 만족하는 ㉠은 없습니다.
- ㉡=7이라고 예상하면 75×7=525로 ㉠75×7=1925를 만족하는 ㉠=2입니다.
- ㉡=9라고 예상하면 75×9=675로 ㉠75×9=1975를 만족하는 ㉠은 없습니다.

➡ ㉠=2, ㉡=7, ㉢=2

따라서 275×4=1100이므로 ㉣=1이고 ㉤=2, ㉥=2입니다.

6 표를 만들어 해결하기

500원짜리 동전과 100원짜리 동전의 수의 합이 14개가 되도록 표를 만들어 봅니다.

500원짜리 동전의 수(개)	14	13	12	11	……
500원짜리 동전의 금액(원)	7000	6500	6000	5500	……
100원짜리 동전의 수(개)	0	1	2	3	……
100원짜리 동전의 금액(원)	0	100	200	300	……
금액의 합(원)	7000	6600	6200	5800	……

따라서 정민이가 가지고 있는 500원짜리 동전은 11개, 100원짜리 동전은 3개입니다.

7 식을 만들어 해결하기

전체 붙임 딱지의 수를 □개라 하면 □÷75=12…3입니다.

75×12=900, 900+3=903이므로 전체 붙임 딱지는 903개입니다.

따라서 903÷56=16…7이므로 16모둠에게 나누어 줄 수 있고, 남는 붙임 딱지는 7개입니다.

8 거꾸로 풀어 해결하기

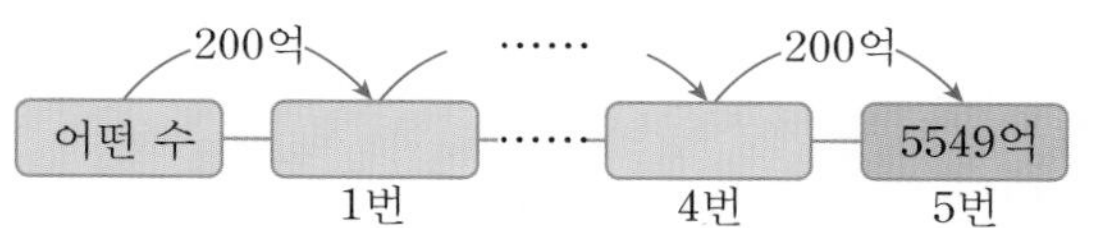

5549억에서 거꾸로 작아지도록 200억씩 5번 뛰어 센 수를 구합니다.

거꾸로 200억씩 작아지도록 뛰어 세면 백억의 자리 수가 2씩 작아집니다.

따라서 어떤 수는 4549억(또는 4549 0000 0000)입니다.

9 표를 만들어 해결하기

보경:

5000 (1월) — 10000 (2월) — 15000 (3월) — 20000 (4월) — 25000 (5월)

보경이가 5월까지 저금한 금액은 25000원입니다.

5월부터 보경이와 보영이의 저금액을 표로 나타내 봅니다.

월	5	6	7	8	9
보경이의 저금액(원)	25000	30000	35000	40000	45000
보영이의 저금액(원)	9000	18000	27000	36000	45000

따라서 9월까지 저금을 했을 때 보경이와 보영이의 저금액이 같아집니다.

10 단순화하여 해결하기

- 한 변에 3개씩 붙인다면 필요한 ● 모양의 보석은 2개씩 3묶음과 같으므로 2×3=6(개)입니다.

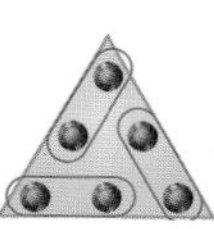

- 한 변에 4개씩 붙인다면 필요한 ● 모양의 보석은 3개씩 3묶음과 같으므로 3×3=9(개)입니다.

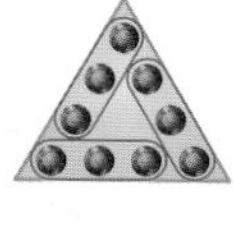

➡ 한 변에 □개씩 붙인다면 필요한 ● 모양의 보석은 (□−1)개씩 3묶음과 같습니다.

따라서 한 변에 96개씩 붙인다면 필요한 ● 모양의 보석은 95×3=285(개)입니다.

수·연산 마무리하기 2회 50~53쪽

1 42826 2 3자루
3 82 4 346007, 3개
5 33150원 6 ■: 30, ★: 24
7 236281 8 700 m
9 1650원
10 ㉮: 130원, ㉯: 150원

1 거꾸로 풀어 해결하기

어떤 수를 □라 하면 874÷□=17⋯41입니다.
874−41=833, 833÷17=49이므로 어떤 수는 49입니다.
따라서 바르게 계산하면 874×49=42826입니다.

2 식을 만들어 해결하기

(재현이가 공책과 볼펜을 산 금액)
=(낸 돈)−(거스름돈)
=10000−5050=4950(원)
(공책 3권의 가격)=750×3=2250(원)
(볼펜을 산 금액)=4950−2250=2700(원)
➡ (산 볼펜의 수)
=(볼펜을 산 금액)÷(볼펜 한 자루의 금액)
=2700÷900=3(자루)

3 예상과 확인으로 해결하기

12×80=960이므로 □ 안에 81, 82, 83을 넣어 계산해 봅니다.
□=81일 때 12×81=972
➡ 988>972
□=82일 때 12×82=984
➡ 988>984
□=83일 때 12×83=996
➡ 988<996
따라서 □ 안에 들어갈 수 있는 자연수 중에서 가장 큰 수는 82입니다.

다른 풀이
988÷12=82⋯4이므로 □ 안에 들어갈 수 있는 자연수 중에서 가장 큰 수는 82입니다.

4 조건을 따져 해결하기

345999보다 크고 346010보다 작은 수이므로 구하는 수는 34600□입니다.
➡ 345999<34600□<346010
일의 자리 숫자가 7이므로 조건에 알맞은 수는 346007입니다.
따라서 사용하지 않는 상형문자는 ∩, 𓍢, 𓀠로 모두 3개입니다.

참고 346007을 보기 의 상형문자로 나타내면 𓆐𓆐𓆐𓆼𓆼𓆼𓆼𓍢𓍢𓍢𓍢𓍢𓍢|||||||입니다.

5 식을 만들어 해결하기

(처음에 있던 색종이 수)
=102×10=1020(장)
(버리고 남은 색종이 수)
=1020−45=975(장)
색종이를 한 봉지에 25장씩 다시 담으면 975÷25=39(봉지)가 됩니다.
➡ (색종이를 판 돈)=850×39=33150(원)

6 표를 만들어 해결하기

20×26=520이므로 ★을 20보다 큰 수로 예상하여 표로 나타내 봅니다.

★	21	22	23	24	⋯⋯
■	27	28	29	30	⋯⋯
★×■	567	616	667	720	⋯⋯

위 표에서 ★×■가 720인 경우를 찾으면 ■는 30, ★은 24입니다.

7 조건을 따져 해결하기

각 자리 숫자의 합이 22이므로
♥+3+◆+2+8+1=22, ♥+◆+14=22, ♥+◆=8입니다.
천의 자리 숫자가 십만의 자리 숫자의 3배인 경우를 찾으면 (♥, ◆)라고 할 때 (1, 3), (2, 6), (3, 9)입니다.
이 중 천의 자리 숫자와 십만의 자리 숫자의 합이 8이 되는 경우를 찾으면 ♥=2, ◆=6입니다.
따라서 구하는 여섯 자리 수는 236281입니다.

8 단순화하여 해결하기

• 첫 번째 나무와 두 번째 나무가 마주 볼 때

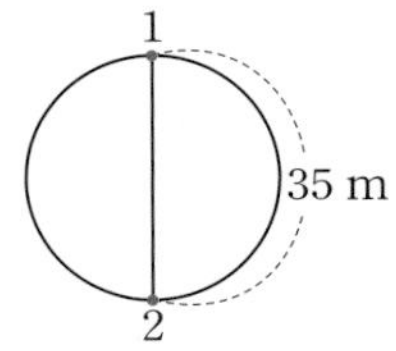

(나무를 심은 간격의 수)

$=1\times2=2$(군데)

(나무를 심은 곳의 전체 거리)

$=35\times2=70$ (m)

• 첫 번째 나무와 세 번째 나무가 마주 볼 때

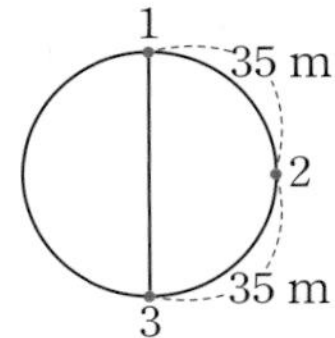

(나무를 심은 간격의 수)

$=2\times2=4$(군데)

(나무를 심은 곳의 전체 거리)

$=35\times4=140$ (m)

따라서 첫 번째 나무와 11번째 나무가 마주 볼 때는 한쪽에 나무를 심는 간격 수가 $11-1=10$(군데)이므로

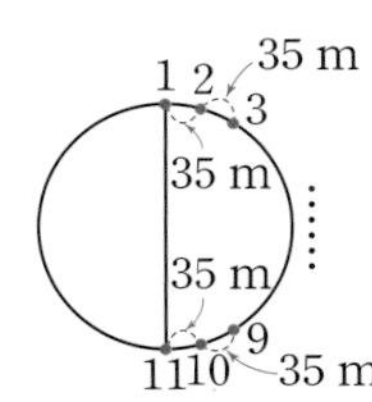

(나무를 심은 간격의 수)

$=10\times2=20$(군데),

(나무를 심은 곳의 전체 거리)

$=35\times20=700$ (m)입니다.

참고 첫 번째 나무와 ■번째 나무가 마주 볼 때 한 쪽에 나무를 심는 간격의 수는 (■-1)군데입니다.

9 식을 만들어 해결하기

가장 많이 드는 금액은 한 개짜리로만 사는 경우이므로

(가장 많이 드는 금액)

$=300\times35=10500$(원)입니다.

가장 적게 드는 금액은 3개씩 포장되어 있는 것을 최대한 많이 사는 경우이므로 지우개를 35개 사려면 3개씩 포장되어 있는 것을 11묶음 사고 한 개짜리를 2개 사면 됩니다.

3개씩 포장되어 있는 것 11묶음의 금액은 $750\times11=8250$(원), 한 개짜리 2개의 금액은 $300\times2=600$(원)이므로

(가장 적게 드는 금액)

$=8250+600=8850$(원)입니다.

따라서 가장 많이 드는 금액과 가장 적게 드는 금액의 차는 $10500-8850=1650$(원)입니다.

10 단순화하여 해결하기

㉮+㉮+㉯+㉯+㉯=710,

㉮+㉮+㉯+㉯=560이라고 나타내고 두 식의 차를 구하면

(㉮+㉮+㉯+㉯+㉯)=710

−(㉮+㉮+㉯+㉯)　　=560

㉯ =150

㉮+㉮+㉯+㉯

=㉮+㉮+150+150

=㉮+㉮+300=560,

㉮+㉮=560−300=260,

㉮=260÷2=130

따라서 빈 유리병 ㉮ 1개는 130원, 빈 유리병 ㉯ 1개는 150원을 받을 수 있습니다.

2장 도형·측정

도형·측정 시작하기 56~57쪽

1 ㉡	2 165°, 85°
3 50	4 175°
5 감	6 ㉠, ㉡
7 90	8 풀이 참조

1 ㉠ 둔각 ㉡ 예각 ㉢ 직각 ㉣ 둔각

2 합: 40°+125°=165°, 차: 125°−40°=85°

3 삼각형의 세 각의 크기의 합은 180°이므로
85°+45°+□°=180°, 130°+□°=180°,
□°=180°−130°=50°입니다.

4 사각형의 네 각의 크기의 합은 360°이므로
㉠+70°+㉡+115°=360°,
㉠+㉡+185°=360°,
㉠+㉡=360°−185°=175°입니다.

8

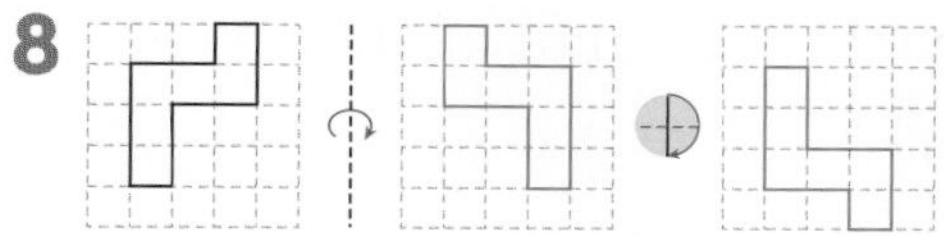

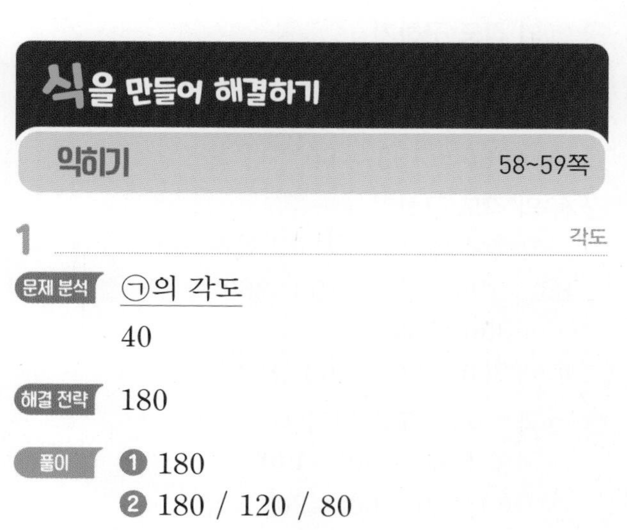

식을 만들어 해결하기

익히기 58~59쪽

1 각도

문제 분석 ㉠의 각도
40

해결 전략 180

풀이 ❶ 180
❷ 180 / 120 / 80

답 80

2 각도

문제 분석 각 ㄹㄴㄷ의 크기
30 / 40

해결 전략 180

풀이 ❶ 180 / 180 / 180, 40, 90, 50
❷ 50, 30, 20

답 20

적용하기 60~63쪽

1 각도

❶ 직선은 180°이므로 각 ㄱㅇㄴ의 크기는 180°입니다.
➡ (한 각의 크기)=180°÷9=20°

❷ 각 ㄷㅇㄹ의 크기는 20°인 각 4개의 크기와 같으므로 20°×4=80°입니다.

답 80°

2 각도

❶ 시계의 긴바늘과 짧은바늘이 이루는 작은 쪽의 각도가 가장 큰 시계는 다입니다.
시곗바늘이 한 바퀴 돌면 360°이므로 숫자와 숫자 사이의 각도는 360°÷12=30°입니다.
시계 다에서 긴바늘과 짧은바늘이 이루는 작은 쪽의 각도는 30°×5=150°입니다.

❷ 시계의 긴바늘과 짧은바늘이 이루는 작은 쪽의 각도가 가장 작은 시계는 가입니다.
시계 가에서 긴바늘과 짧은바늘이 이루는 작은 쪽의 각도는 30°×1=30°입니다.

❸ (두 각도의 합)=150°+30°=180°
(두 각도의 차)=150°−30°=120°

답 합: 180°, 차: 120°

3 각도

❶ 직선은 180°이므로
(각 ㄱㄷㄴ)=180°−110°=70°입니다.

❷ 삼각형의 세 각의 크기의 합은 180°이므로
25°+(각 ㄱㄴㄷ)+70°=180°,
(각 ㄱㄴㄷ)+95°=180°,
(각 ㄱㄴㄷ)=180°−95°=85°입니다.

답 85°

4 평면도형의 이동

❶

도형을 아래쪽으로 뒤집으면 도형의 위쪽과 아래쪽이 서로 바뀝니다.
도형을 오른쪽으로 뒤집으면 도형의 오른쪽과 왼쪽이 서로 바뀝니다.

❷ 158+851=1009

답 1009

5 각도

❶ 사각형의 네 각의 크기의 합은 360°이므로
120°+(각 ㄴㄷㄹ)+70°+90°=360°,
280°+(각 ㄴㄷㄹ)=360°,
(각 ㄴㄷㄹ)=360°−280°=80°입니다.

❷ 직선은 180°이므로
(각 ㄴㄷㅁ)=180°−80°=100°입니다.

답 100°

6 각도

❶ 사각형 ㉠의 나머지 한 각의 크기를 □°라고 하면 95°+40°+140°+□°=360°,
275°+□°=360°, □°=360°−275°=85°입니다.

❷ 사각형 ㉡의 나머지 한 각의 크기를 △°라고 하면 70°+65°+130°+△°=360°,
265°+△°=360°, △°=360°−265°=95°입니다.

❸ 85°는 예각이고, 95°는 둔각이므로 나머지 한 각이 예각인 사각형은 ㉠입니다.

답 ㉠

7 평면도형의 이동

❶ **주어진 수를 거꾸로 매달려 보았을 때의 수 구하기**
철봉에 거꾸로 매달려 주어진 수 카드를 보면 수 카드를 시계 방향으로 180°만큼 돌린 것과 같이 보입니다.

529 ⊕ 625

❷ **두 수의 차 구하기**
두 수의 차는 625−529=96입니다.

답 96

주의 거꾸로 매달려 본 수를 아래쪽으로 뒤집은 수라고 생각하지 않도록 주의합니다.

8 각도

❶ **각 ㄱㅇㄴ의 크기 구하기**
직선은 180°이므로
70°+(각 ㄱㅇㄴ)+50°=180°,
120°+(각 ㄱㅇㄴ)=180°,
(각 ㄱㅇㄴ)=180°−120°=60°입니다.

❷ **각 ㅂㅇㅁ의 크기 구하기**
직선은 180°이므로
(각 ㄱㅇㄴ)+50°+(각 ㅂㅇㅁ)=180°,
60°+50°+(각 ㅂㅇㅁ)=180°,
110°+(각 ㅂㅇㅁ)=180°,
(각 ㅂㅇㅁ)=180°−110°=70°입니다.

답 70°

9 각도

❶ **㉠의 각도 구하기**
삼각형의 세 각의 크기의 합은 180°이므로
㉠+70°+30°=180°, ㉠+100°=180°,
㉠=180°−100°=80°입니다.

❷ **㉡의 각도 구하기**
사각형의 네 각의 크기의 합은 360°이므로
85°+100°+㉡+115°=360°,
㉡+300°=360°,
㉡=360°−300°=60°입니다.

❸ **㉠과 ㉡의 각도의 합과 차 구하기**
㉠+㉡=80°+60°=140°
㉠−㉡=80°−60°=20°

답 합: 140°, 차: 20°

그림을 그려 해결하기

익히기 64~65쪽

1 평면도형의 이동

문제 분석 주어진 도형을 오른쪽으로 5 cm 민 후 아래쪽으로 2 cm 밀었을 때의 도형

5, 2

해결 전략 모양은, 위치는

풀이 ❶

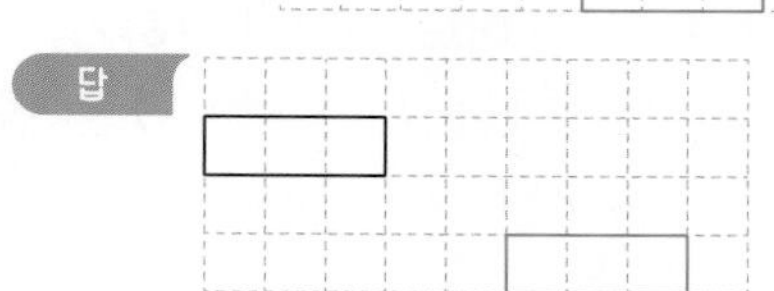

❷ 2 cm

답

2 각도

문제 분석 긴바늘과 짧은바늘이 이루는 작은 쪽의 각이 예각인 때는 언제

8, 20 / 3, 30

해결 전략 20, 3, 30

풀이 ❶ 180, 둔각

❷

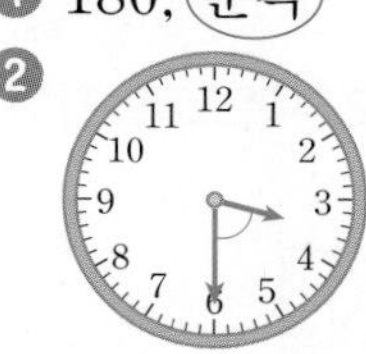

/ 0, 예각

❸ 하교

답 하교

적용하기 66~69쪽

1 각도

❶

❷ 둔각이 되는 때는 4시, 5시, 7시, 8시일 때입니다. 하루에 오전과 오후로 2번씩 있으므로 둔각이 되는 때는 모두 8번입니다.

답 8번

2 각도

❶

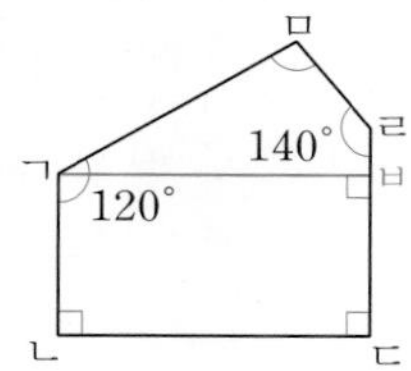

❷ (각 ㄴㄱㅂ)$=90°$
(각 ㅁㄱㅂ)$=120°-90°=30°$

❸ 사각형 ㅁㄱㅂㄹ의 네 각의 크기의 합이 $360°$이므로 (각 ㄱㅁㄹ)$+30°+90°+140°=360°$, (각 ㄱㅁㄹ)$+260°=360°$, (각 ㄱㅁㄹ)$=360°-260°=100°$입니다.

답 $100°$

3 평면도형의 이동

❶

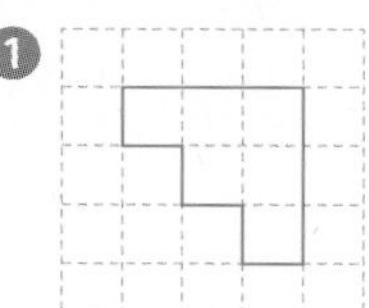

도형을 오른쪽으로 뒤집으면 도형의 오른쪽과 왼쪽이 서로 바뀝니다.

❷

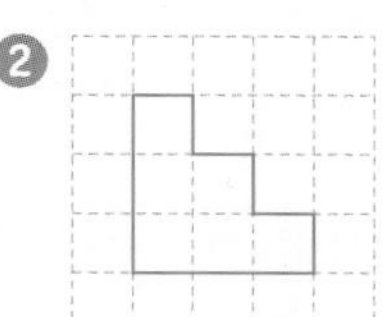

도형을 시계 방향으로 180°만큼 돌리면 위쪽 부분이 아래쪽으로, 아래쪽 부분이 위쪽으로 이동합니다.

답 풀이 참조

4

평면도형의 이동

❶ 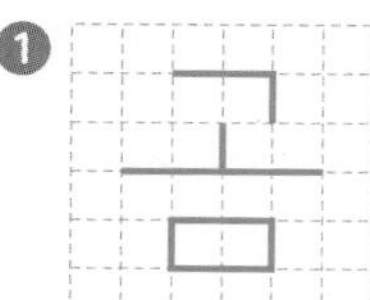

시계 방향으로 90°만큼 2번 돌린 모양은 시계 방향으로 180°만큼 돌린 모양과 같습니다.

❷ 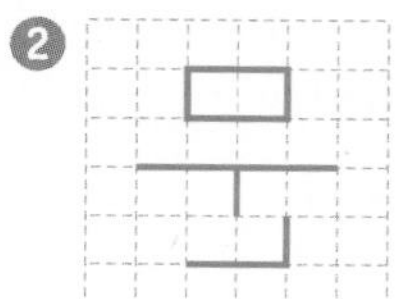

❶의 모양을 위쪽으로 뒤집으면 모양의 위쪽과 아래쪽이 서로 바뀝니다.

답 풀이 참조

5

평면도형의 이동

❶ 도형을 밀면 도형의 모양은 변하지 않고 위치만 바뀌므로 꼭짓점을 각각 오른쪽으로 7 cm 민 후 위쪽으로 1 cm 밀어 봅니다.

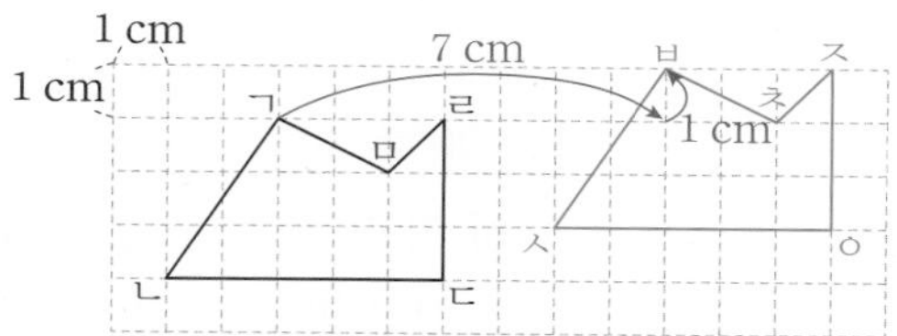

❷ ❶에서 나타낸 점 ㅂ, ㅅ, ㅇ, ㅈ, ㅊ을 차례로 이어 도형을 완성합니다.

답 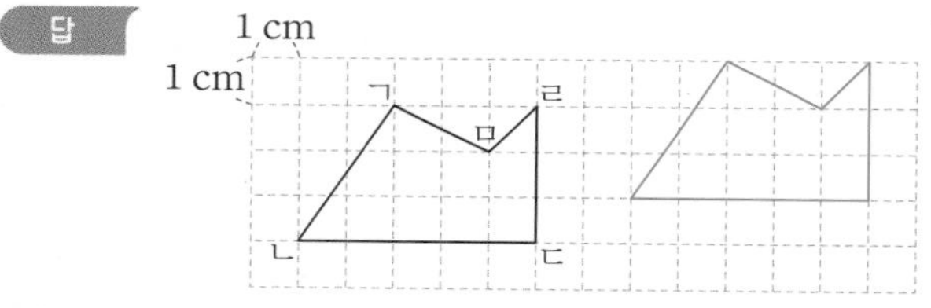

참고 도형을 밀었을 때의 도형과 처음 도형의 모양이 같은지 확인합니다.

6

각도

❶ 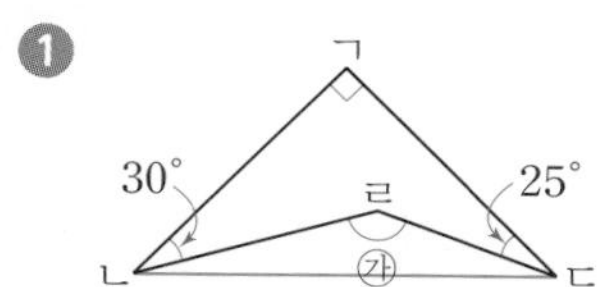

❷ 점 ㄴ과 점 ㄷ을 이으면 직각삼각형 ㄱㄴㄷ에서 직각이 아닌 두 각의 크기의 합은 90°입니다.

➡ 30°+(각 ㄹㄴㄷ)+25°+(각 ㄹㄷㄴ)=90°,
55°+(각 ㄹㄴㄷ)+(각 ㄹㄷㄴ)=90°,
(각 ㄹㄴㄷ)+(각 ㄹㄷㄴ)
=90°−55°=35°

❸ 삼각형 ㄹㄴㄷ의 세 각의 크기의 합은 180°이므로 ㉮+(각 ㄹㄴㄷ)+(각 ㄹㄷㄴ)=180°,
㉮+35°=180°,
㉮=180°−35°=145°입니다.

답 145°

7

각도

❶ **영화가 끝나는 시각을 시계에 나타내기**

80분=1시간 20분
(영화가 끝나는 시각)
=4시 25분+1시간 20분=5시 45분

영화가 끝나는 시각을 시계에 나타내어 긴바늘과 짧은바늘이 이루는 작은 쪽의 각을 표시합니다.

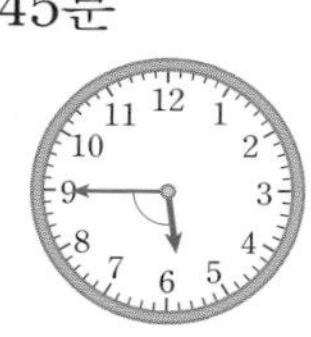

❷ **시계의 긴바늘과 짧은바늘이 이루는 작은 쪽의 각이 예각, 직각, 둔각 중 어느 것인지 구하기**

시계의 긴바늘과 짧은바늘이 이루는 작은 쪽의 각은 각도가 직각보다 크고 180°보다 작은 각이므로 둔각입니다.

답 둔각

8

평면도형의 이동

❶ **주어진 모양을 시계 방향으로 90°만큼 돌려서 모양 만들기**

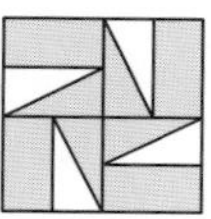

❷ **❶에서 만든 모양을 오른쪽으로 밀어서 규칙적인 무늬 만들기**

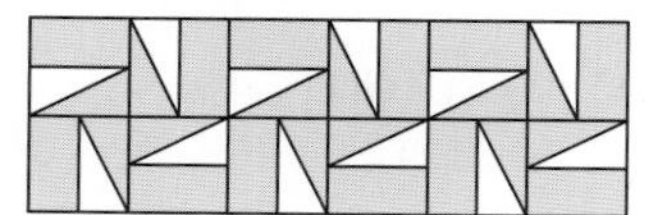

답 풀이 참조

9

평면도형의 이동

❶ **주어진 도형을 시계 반대 방향으로 90°만큼 돌린 도형 그리기**

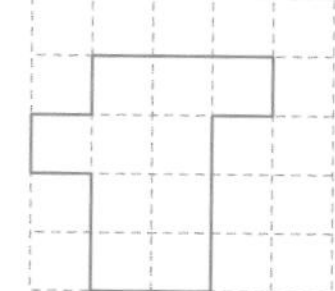

❷ ❶의 도형을 오른쪽으로 뒤집은 도형 그리기

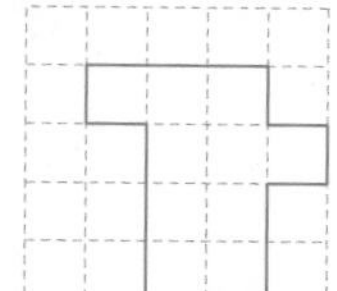

❸ ❷의 도형을 아래쪽으로 뒤집은 도형 그리기

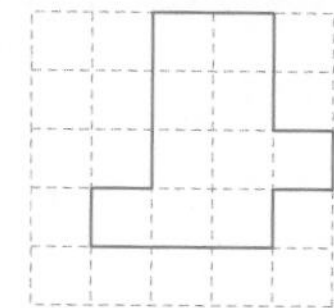

답

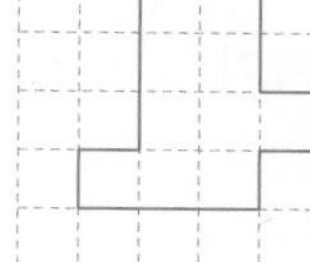

조건을 따져 해결하기

익히기 70~71쪽

1 각도

문제 분석 ㉠의 각도
60, 45

해결 전략 180

풀이 ❶ 60 / 60, 15
❷ 180 / 180, 15, 180 / 45, 45, 135

답 135

2 각도

문제 분석 각 ㄹㅂㅁ의 크기
40

해결 전략 같으므로

풀이 ❶ 90 / 90, 50 / 50, 25
❷ 25 / 115 / 115, 65

답 65

적용하기 72~75쪽

1 각도

❶ 50°+(각 ㅁㄴㄷ)=90°이므로
(각 ㅁㄴㄷ)=90°−50°=40°입니다.

❷ 접은 부분의 각의 크기는 같으므로
㉠=(각 ㄷㄴㄹ)입니다.
㉠+(각 ㄷㄴㄹ)=40°이므로
㉠=40°÷2=20°입니다.

답 20°

2 각도

❶ ㉡+30°=45° ➡ ㉡=45°−30°=15°

❷ 45°+㉠+㉡=180°, 45°+㉠+15°=180°,
60°+㉠=180°, ㉠=180°−60°=120°

답 120°

3 각도

❶ 삼각형 ㄱㄴㄷ에서
70°+㉠+35°+35°=180°이므로
㉠+140°=180°, ㉠=180°−140°=40°입니다.

❷ 삼각형 ㄱㄴㄹ에서 70°+40°+㉡=180°이므로 110°+㉡=180°, ㉡=180°−110°=70°입니다.

답 ㉠: 40°, ㉡: 70°

4 각도

❶
㉢ ㉠+ 25 °
㉠ ㉡ ㉠+ 20 °

❷ ㉠+㉡+㉢=180°이므로
㉠+㉠+20°+㉠+25°=180°입니다.
㉠+㉠+㉠+45°=180°,
㉠+㉠+㉠=180°−45°=135°이므로
㉠=135°÷3=45°입니다.

❸ ㉡=㉠+20°=45°+20°=65°
㉢=㉠+25°=45°+25°=70°

답 ㉠: 45°, ㉡: 65°, ㉢: 70°

5
평면도형의 이동

❶ ㉠  ㉡  ㉢ 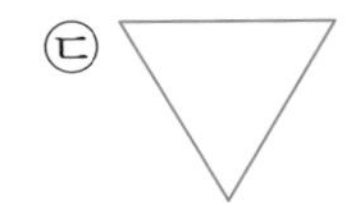

❷ ❶에서 처음 도형과 같은 것은 ㉡입니다.

답 ㉡

6
평면도형의 이동

❶ 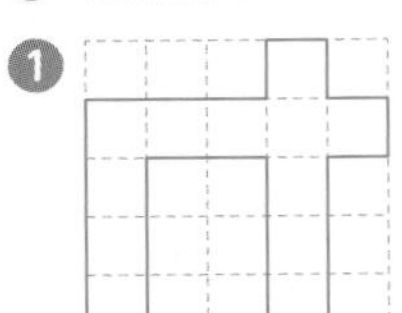

❷ 90

❸ 예 처음 도형을 위쪽으로 뒤집고 시계 반대 방향으로 90°만큼 돌렸습니다.

답 풀이 참조

다른 풀이

예 처음 도형을 아래쪽으로 뒤집고 시계 방향으로 270°만큼 돌렸습니다.

7
각도

❶ **㉠의 각도는 몇 도인지 구하기**

㉠$+30°+65°=180°$이므로 ㉠$+95°=180°$,
㉠$=180°-95°=85°$입니다.

❷ **㉡의 각도는 몇 도인지 구하기**

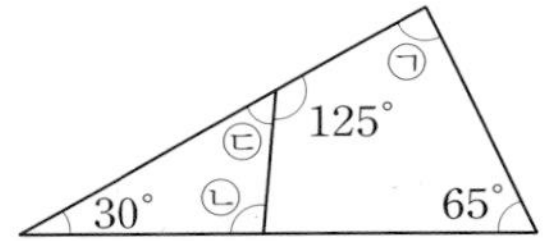

㉢$=180°-125°=55°$이고
$55°+30°+$㉡$=180°$이므로 $85°+$㉡$=180°$,
㉡$=180°-85°=95°$입니다.

❸ **㉠과 ㉡의 각도의 차 구하기**

㉡$-$㉠$=95°-85°=10°$

답 10°

8
평면도형의 이동

❶ **㉠과 같이 움직인 도형 그리기**

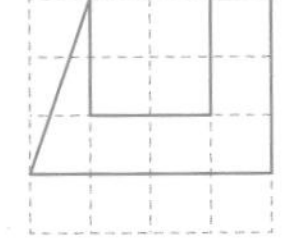

❷ **㉡과 같이 움직인 도형 그리기**

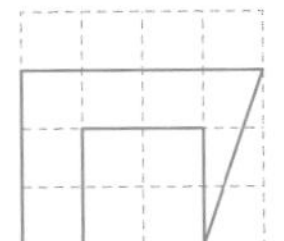

❸ **알맞은 기호 쓰기**

나 도형은 가 도형을 ㉠과 같이 움직인 도형과 같습니다.

답 ㉠

9
각도

❶ **㉡의 각도는 몇 도인지 구하기**

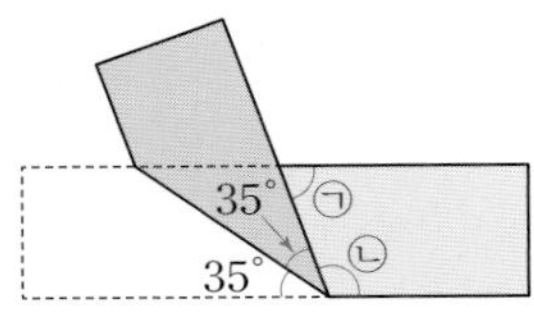

접은 부분의 각의 크기는 같고, 직선은 180°이므로 ㉡$=180°-35°-35°=110°$입니다.

❷ **㉠의 각도는 몇 도인지 구하기**

㉠$+110°+90°+90°=360°$,
㉠$+290°=360°$,
㉠$=360°-290°=70°$

답 70°

단순화하여 해결하기

익히기 76~77쪽

1
각도

문제 분석 표지판 모양에 표시된 모든 각도의 합은 몇 도

정팔각형 / 8

해결 전략 180

풀이 ❶  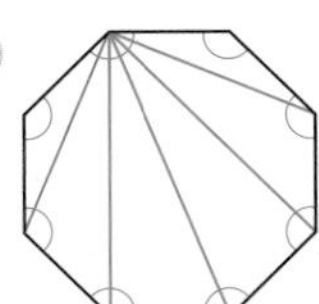

❷ 180, 6, 1080

답 1080

2 평면도형의 이동

문제 분석 <u>오른쪽으로 3번 뒤집고 시계 방향으로 90°만큼 돌린 도형을 그려 보시오.</u>

3, 90

풀이 ❶ ①

❷ 오른쪽으로 3번 뒤집기

/

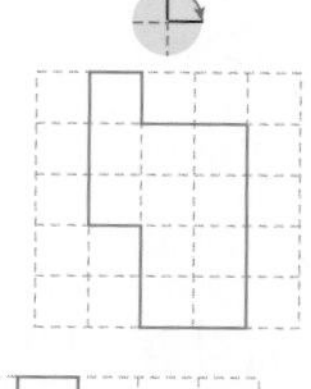

답

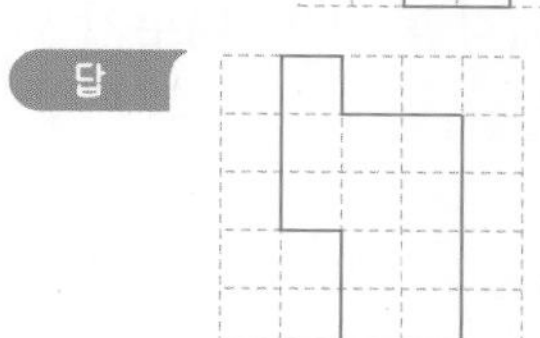

적용하기 78~81쪽

1 각도

❶ **[방법 1]** 예

[방법 2] 예

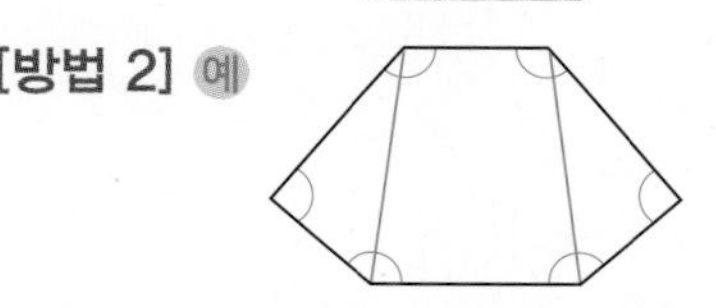

참고 이 외에도 다양한 방법으로 나눌 수 있습니다.

❷ **[방법 1]**에서 주어진 도형은 삼각형 4개로 나눌 수 있습니다.
(표시된 모든 각도의 합)$=180^\circ\times4=720^\circ$
[방법 2]에서 주어진 도형은 삼각형 2개와 사각형 1개로 나눌 수 있습니다.
(표시된 모든 각도의 합)
$=180^\circ\times2+360^\circ=720^\circ$

답 720°

2 평면도형의 이동

❶ 도형을 시계 방향으로 180°만큼 4번 돌린 도형은 처음 도형과 같습니다.

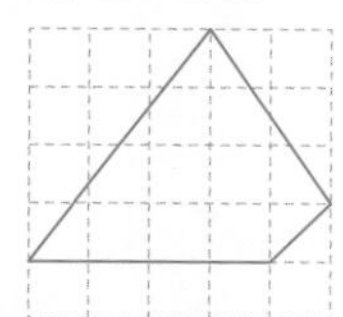

❷ 모눈종이에 ❶의 도형을 위쪽으로 뒤집은 도형을 그립니다.

답

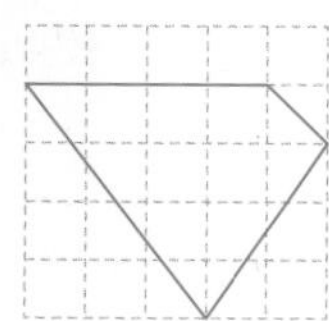

3 각도

❶

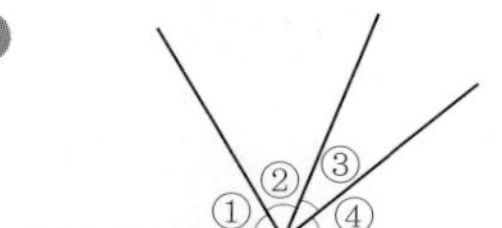

작은 각 1개짜리: ①, ②, ③, ④ ➡ 4개
작은 각 2개짜리: ②+③, ③+④ ➡ 2개

❷ $4+2=6$(개)

답 6개

주의 크고 작은 각의 개수를 답으로 구하지 않도록 주의합니다.

참고 예각: 각도가 0°보다 크고 직각보다 작은 각

4 평면도형의 이동

❶ ①

❷ • 시계 방향으로 90°만큼 돌리기 전 도형은 시계 반대 방향으로 90°만큼 돌린 도형과 같습니다.
• 아래쪽으로 1번 뒤집기 전 도형은 위쪽으로 1번 뒤집은 도형과 같습니다.

❸

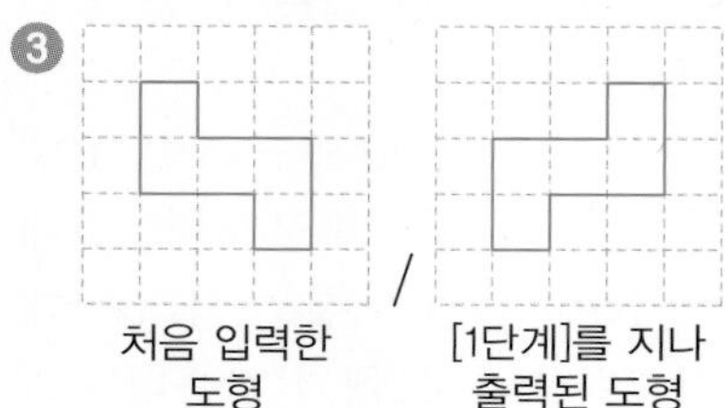

답

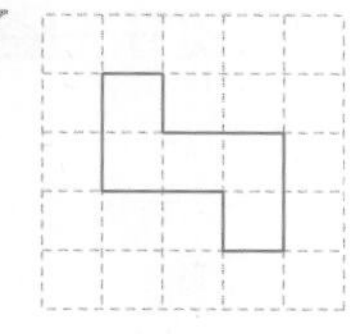

5 각도

❶
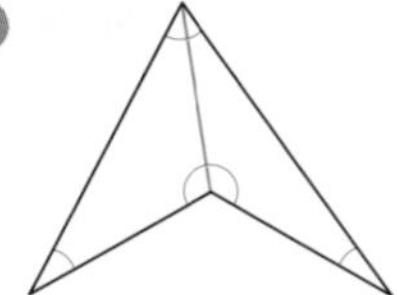

❷ 도형은 삼각형 2개로 나눌 수 있습니다.
➡ (표시된 모든 각도의 합)$=180^\circ\times2=360^\circ$

답 360°

6 평면도형의 이동

❶
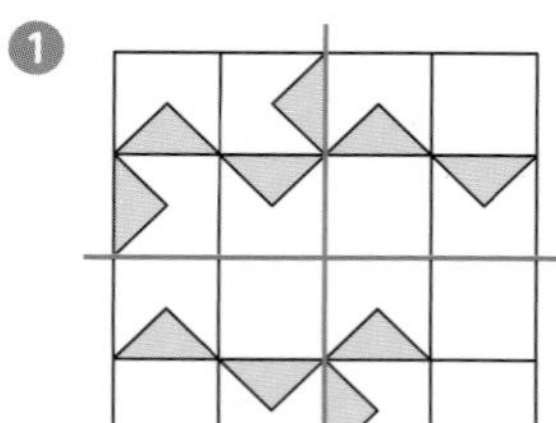

❷ 4등분한 한 곳의 무늬 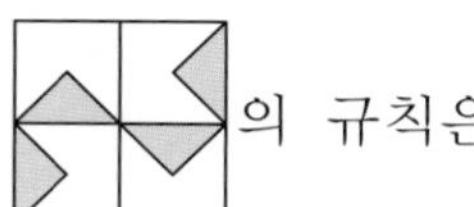 의 규칙은 모양을 시계 반대 방향으로 90°만큼 돌리는 것을 반복해서 무늬를 만든 것입니다.

❸ 4등분한 한 곳의 무늬를 오른쪽과 아래쪽으로 밀어서 무늬를 만든 것이므로 빈칸을 알맞게 채워 봅니다.

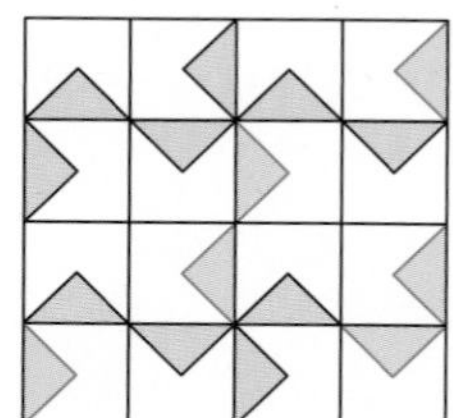

답 풀이 참조

7 평면도형의 이동

❶ **도형을 시계 반대 방향으로 90°만큼 10번 돌린 것을 단순화하여 생각하기**
도형을 시계 반대 방향으로 90°만큼 4번, 8번 돌린 도형은 처음 도형과 같으므로 시계 반대 방향으로 90°만큼 10번 돌린 도형은 시계 반대 방향으로 90°만큼 2번 돌린 도형과 같습니다.

❷ **도형을 왼쪽으로 7번 뒤집은 것을 단순화하여 생각하기**
도형을 왼쪽으로 7번 뒤집은 도형은 왼쪽으로 한 번 뒤집은 도형과 같습니다.

❸ **단순화한 방법으로 움직인 도형 그리기**
처음 도형을 시계 반대 방향으로 90°만큼 2번 돌리기 한 후 왼쪽으로 1번 뒤집은 도형을 그려 봅니다.

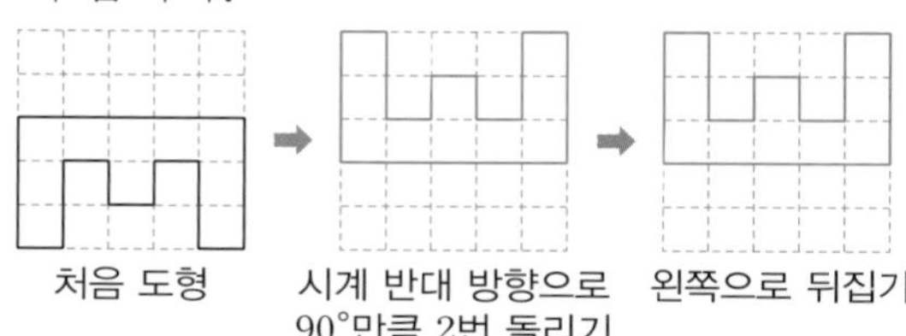

답
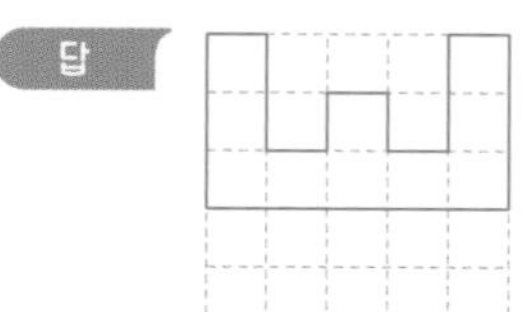

8 각도

❶ **꼭짓점끼리 이어 도형을 삼각형 3개로 나누기**
예

❷ **㉠, ㉡, ㉢의 각도의 합은 몇 도인지 구하기**
(모든 각도의 합)$=180^\circ\times3=540^\circ$이므로
$85^\circ+$㉠$+115^\circ+$㉡$+$㉢$=540^\circ$입니다.
$200^\circ+$㉠$+$㉡$+$㉢$=540^\circ$,
㉠$+$㉡$+$㉢$=540^\circ-200^\circ=340^\circ$

답 340°

9 각도

❶ **작은 각 여러 개로 둔각을 만들 수 있는 경우 찾기**

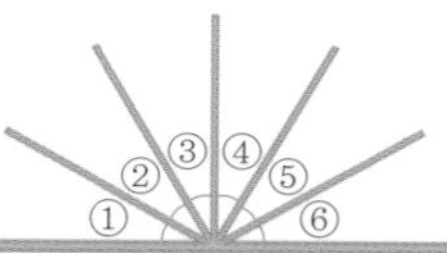

가장 작은 각 4개짜리:
①+②+③+④, ②+③+④+⑤,
③+④+⑤+⑥ ➡ 3개
가장 작은 각 5개짜리:
①+②+③+④+⑤,
②+③+④+⑤+⑥ ➡ 2개

❷ **찾을 수 있는 크고 작은 둔각은 모두 몇 개인지 구하기**
$3+2=5$(개)

답 5개

참고 둔각: 각도가 직각보다 크고 180°보다 작은 각

도형·측정 마무리하기 1회 82~85쪽

1 60°　　2 40°
3 ㉣　　4 105°
5 예 처음 도형을 시계 방향으로 90°만큼 돌리고 오른쪽으로 뒤집었습니다.
6 900°　　7 46529
8 90°
9 예 [도형] 모양을 아래쪽으로 뒤집어서 모양을 만들고, 만든 모양을 오른쪽으로 밀어서 무늬를 만들었습니다.
10 140°

1 조건을 따져 해결하기

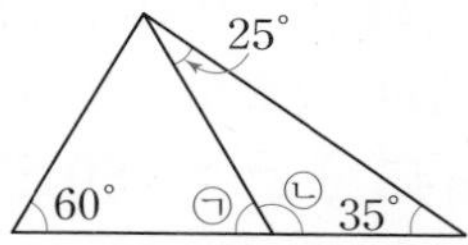

25°+㉡+35°=180°이므로 60°+㉡=180°, ㉡=180°−60°=120°입니다.
직선은 180°이므로 ㉠=180°−120°=60°입니다.

2 식을 만들어 해결하기

(각 ㄴㅇㄷ)=90°−40°=50°
(각 ㄹㅇㅁ)=90°−40°=50°
직선은 180°이므로
㉠+(각 ㄴㅇㄷ)+40°+(각 ㄹㅇㅁ)
=㉠+50°+40°+50°=180°
➡ ㉠+140°=180°, ㉠=180°−140°=40°

3 식을 만들어 해결하기

삼각형의 세 각의 크기의 합은 180°이므로 나머지 한 각의 크기를 각각 구해 봅니다.
㉠ (나머지 한 각의 크기)
=180°−70°−20°=90°
㉡ (나머지 한 각의 크기)
=180°−65°−35°=80°
㉢ (나머지 한 각의 크기)
=180°−55°−40°=85°
㉣ (나머지 한 각의 크기)
=180°−25°−60°=95°
➡ 나머지 한 각이 둔각인 것은 ㉣입니다.

4 그림을 그려 해결하기

가장 작은 각도는 30°+45°=75°입니다.

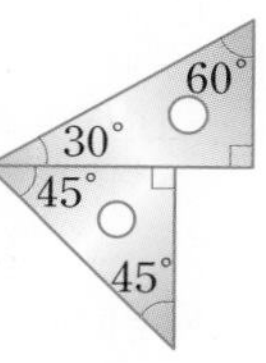

두 번째로 작은 각도는 60°+45°=105°입니다.

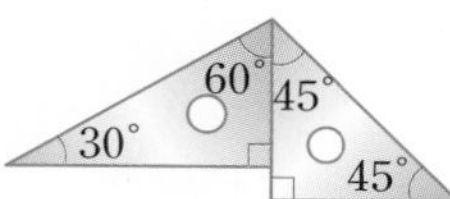

6 단순화하여 해결하기

주어진 도형은 삼각형 5개로 나눌 수 있습니다.

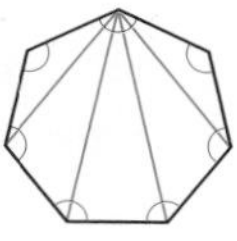

(표시된 모든 각도의 합)
=180°×5=900°

다른 풀이

주어진 도형은 사각형 2개와 삼각형 1개로 나눌 수 있습니다.

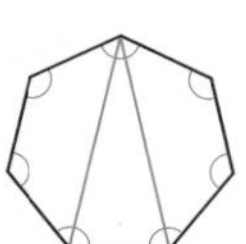

(사각형 2개에 표시된 모든 각도의 합)=360°×2=720°
➡ (표시된 모든 각도의 합)
=720°+180°=900°

7 거꾸로 풀어 해결하기

거꾸로 생각하여 주어진 모양을 시계 반대 방향으로 180°만큼 돌리기 하여 성호네 집 우편번호를 구합니다.

62594 ⊕ 46529

따라서 성호네 집 우편번호는 46529입니다.

8 식을 만들어 해결하기

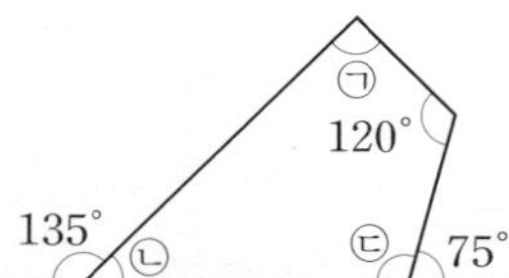

직선은 180°이므로 ㉡=180°−135°=45°, ㉢=180°−75°=105°입니다.
사각형의 네 각의 크기의 합은 360°이므로
㉠+45°+105°+120°=360°입니다.
➡ ㉠+270°=360°, ㉠=360°−270°=90°

9 단순화하여 해결하기

만든 무늬의 가장 왼쪽의 2칸을 먼저 생각하

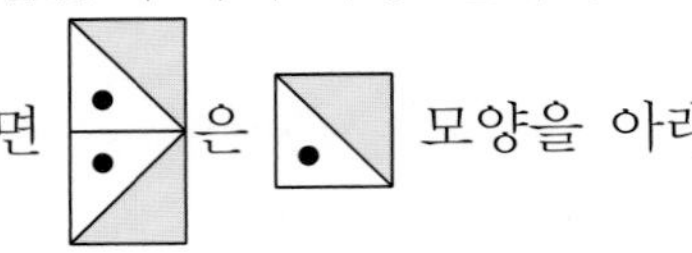

면 은 모양을 아래로 뒤집은 모양

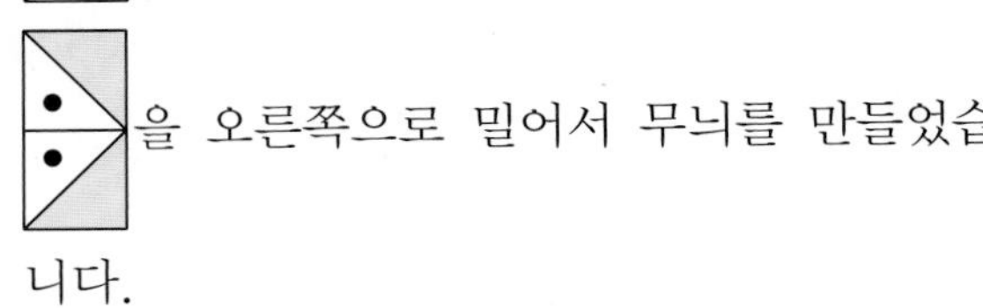

을 붙여서 만든 것입니다. 따라서 만든

을 오른쪽으로 밀어서 무늬를 만들었습니다.

10 조건을 따져 해결하기

삼각형 ㄱㄴㄷ의 세 각의 크기의 합은 180°이므로 40°+60°+(각 ㄱㄷㄴ)=180°,
100°+(각 ㄱㄷㄴ)=180°,
(각 ㄱㄷㄴ)=180°−100°=80°입니다.
직선은 180°이므로
(각 ㄱㄷㄹ)=180°−80°=100°입니다.
삼각형 ㄱㄷㄹ에서
100°+(각 ㄷㄱㄹ)+(각 ㄷㄹㄱ)=180°이므로
(각 ㄷㄱㄹ)+(각 ㄷㄹㄱ)=180°−100°=80°입니다.
(각 ㄷㄱㄹ)=(각 ㄷㄹㄱ)이므로
(각 ㄷㄹㄱ)=80°÷2=40°입니다.
➡ ㉠=180°−40°=140°

도형·측정 마무리하기 2회 86~89쪽

1 110°	**2** 75°
3 27°	**4**
5 105°	**6** 4개
7 630°	**8** 60°
9	**10** 360°

1 식을 만들어 해결하기

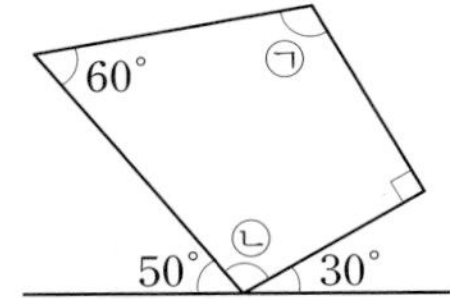

㉡의 각도를 구하면 직선은 180°이므로
50°+㉡+30°=180°입니다.
➡ ㉡+80°=180°, ㉡=180°−80°=100°
사각형의 네 각의 크기의 합은 360°이므로
60°+100°+90°+㉠=360°입니다.
➡ 250°+㉠=360°,
㉠=360°−250°=110°

2 조건을 따져 해결하기

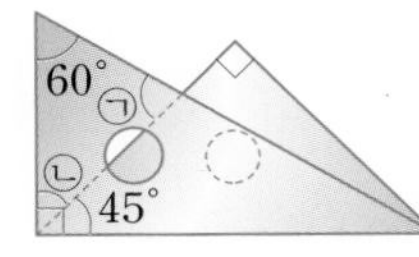

㉡=90°−45°=45°입니다.
삼각형의 세 각의 크기의 합은 180°이므로
60°+45°+㉠=180°입니다.
➡ 105°+㉠=180°, ㉠=180°−105°=75°

3 조건을 따져 해결하기

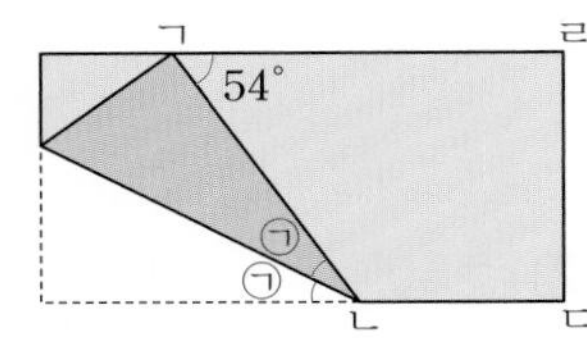

사각형 ㄱㄴㄷㄹ에서
54°+(각 ㄱㄴㄷ)+90°+90°=360°,
234°+(각 ㄱㄴㄷ)=360°이므로
(각 ㄱㄴㄷ)=360°−234°=126°입니다.
직선은 180°이고, 접은 부분의 각의 크기는 같으므로 ㉠+㉠+126°=180°입니다.
따라서 ㉠+㉠=180°−126°=54°이므로
㉠=54°÷2=27°입니다.

4 거꾸로 풀어 해결하기

거꾸로 생각하여 움직인 도형을 시계 방향으로 270°만큼 돌리고 아래쪽으로 뒤집은 도형을 차례로 그려 봅니다.

움직인 도형 / 시계 방향으로 270°만큼 돌리기 / 아래쪽으로 뒤집기

5 조건을 따져 해결하기

삼각형의 세 각의 크기의 합은 180°이므로
㉡+80°+60°=180°, ㉡+140°=180°,
㉡=180°−140°=40°입니다.
사각형의 네 각의 크기의 합은 360°이고
70°+㉡=70°+40°=110°이므로
㉠+45°+60°+110°=360°,
㉠+215°=360°,
㉠=360°−215°=145°입니다.
➡ ㉠−㉡=145°−40°=105°

6 단순화하여 해결하기

아래쪽으로 뒤집은 뒤 시계 반대 방향으로 180°만큼 돌렸을 때 처음 모양과 같아지려면 왼쪽과 오른쪽의 모양이 서로 같아야 합니다. 따라서 왼쪽과 오른쪽의 모양이 서로 같은 알파벳은 **A**, **H**, **M**, **Y**이므로 모두 4개입니다.

7 단순화하여 해결하기

주어진 도형은 삼각형 4개로 나눌 수 있습니다.

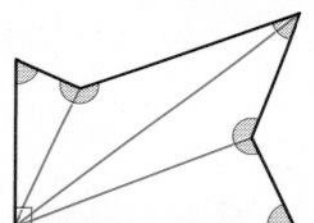

(모든 각도의 합)
=180°×4=720°
➡ (색칠한 5개의 각도의 합)
=720°−90°=630°

다른 풀이

주어진 도형은 삼각형 2개와 사각형 1개로 나눌 수 있습니다.

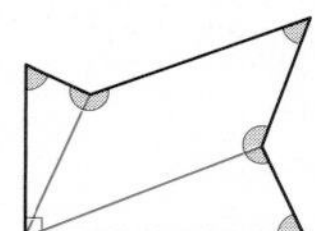

(모든 각도의 합)
=180°×2+360°=360°+360°=720°
➡ (색칠한 5개의 각도의 합)
=720°−90°=630°

8 그림을 그려 해결하기

(공원에 도착한 시각)
=9시 30분+30분=10시
시계 한 바퀴는 360°이고, 숫자와 숫자 사이의 각도는 360°÷12=30°입니다.
시계에 10시를 나타내고 긴바늘과 짧은바늘이 이루는 작은 쪽의 각을 표시해 보면 오른쪽과 같습니다.

따라서 공원에 도착했을 때 시계의 긴바늘과 짧은바늘이 이루는 작은 쪽의 각의 크기는 30°×2=60°입니다.

9 단순화하여 해결하기

오른쪽으로 2번 뒤집은 도형은 처음 도형과 같으므로 오른쪽으로 5번 뒤집은 도형은 오른쪽으로 1번 뒤집은 도형과 같습니다.
시계 반대 방향으로 90°만큼 3번 돌린 도형은 시계 반대 방향으로 270°만큼 돌린 도형과 같습니다.
또, 시계 반대 방향으로 270°만큼 돌린 도형은 시계 방향으로 90°만큼 돌린 도형과 같습니다.

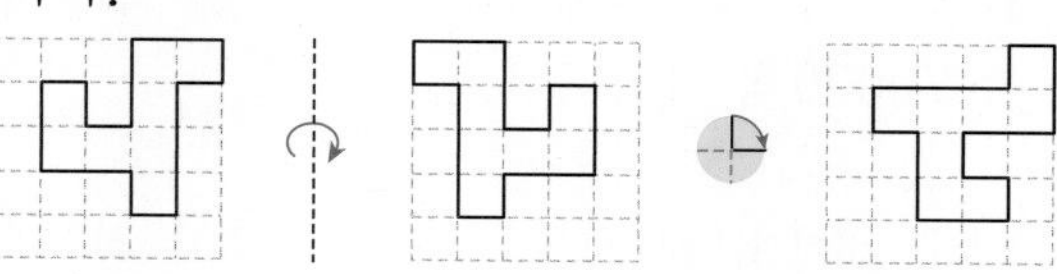

10 조건을 따져 해결하기

(각 ㄴㄱㄷ)+㉠=180°,
(각 ㄱㄴㄷ)+㉡=180°,
(각 ㄴㄷㄱ)+㉢=180°이고,
(각 ㄴㄱㄷ)+(각 ㄱㄴㄷ)+(각 ㄴㄷㄱ)
=180°입니다.
(각 ㄴㄱㄷ)+㉠+(각 ㄱㄴㄷ)+㉡
+(각 ㄴㄷㄱ)+㉢=180°+180°+180°,
(각 ㄴㄱㄷ)+(각 ㄱㄴㄷ)+(각 ㄴㄷㄱ)+㉠
+㉡+㉢=540°,
180°+㉠+㉡+㉢=540°이므로
㉠+㉡+㉢=540°−180°=360°입니다.

3장 규칙성·자료와 가능성

규칙성·자료와 가능성 시작하기 92~93쪽

1 학생 수　2 4칸　3 풀이 참조
4 핫도그, 피자　5 3750
6 300×700=210000
7 800016÷8=100002
8 예 10씩 커지는 수에 10씩 작아지는 수를 더하면 계산 결과는 변하지 않습니다.

3 좋아하는 간식별 학생 수

학생 수(명) / 간식	떡볶이	핫도그	피자	호떡	어묵
(막대)	2	10	8	1	6

5 6×5=30, 30×5=150, 150×5=750이므로 6에서 시작하여 5씩 곱한 수가 오른쪽에 있습니다. ➡ 750×5=3750

6 100씩 커지는 수에 700을 곱하면 계산 결과는 70000씩 커집니다.

7 816, 8016, 80016, ……과 같이 가운데 0이 하나씩 늘어난 수를 각각 8로 나누면 102, 1002, 10002, ……와 같이 가운데 0이 하나씩 늘어납니다.

식을 만들어 해결하기

익히기 94~95쪽

1 막대그래프

문제 분석 조사한 전체 학생은 모두 몇 명
배 / 귤

해결 전략 귤

풀이 ❶ 1, 8, 7
❷ 8, 7, 25

답 25

2 규칙 찾기

문제 분석 다섯째에 놓아야 할 바둑돌은 몇 개

풀이 ❶

순서	첫째	둘째	셋째
바둑돌의 수(개)	3	6	9
계산식	1×3	2×3	3×3

❷ 4, 12 / 5, 3, 15
❸ 15

답 15

적용하기 96~99쪽

1 막대그래프

❶ 막대그래프의 세로 눈금 한 칸은 10÷5=2(마리)를 나타내므로 원숭이는 14마리, 토끼는 18마리, 사자는 6마리, 하마는 12마리입니다.

❷ (조사한 동물의 수)
=14+18+6+12=50(마리)

답 50마리

2 막대그래프

❶ 막대그래프의 세로 눈금 한 칸은 25÷5=5(상자)를 나타냅니다.
사과 수확량이 가장 많은 과수원은 막대의 길이가 가장 긴 과수원이므로 햇빛 과수원이고, 수확량은 50상자입니다.
사과 수확량이 가장 적은 과수원은 막대의 길이가 가장 짧은 과수원이므로 은빛 과수원이고, 수확량은 30상자입니다.

❷ (햇빛 과수원의 사과 수확량)−(은빛 과수원의 사과 수확량)=50−30=20(상자)

답 20상자

3

규칙 찾기

❶ 첫째 둘째 셋째

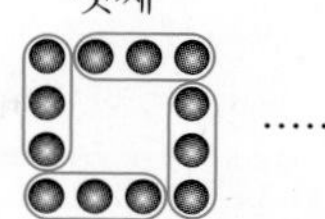

순서	첫째	둘째	셋째
바둑돌의 수(개)	4	8	12
계산식	1×4	2×4	3×4

■째에 놓은 바둑돌의 수는 ■$\times4$입니다.

❷ 열째: $10\times4=40$(개)

답 40개

4

막대그래프

❶ 막대그래프의 세로 눈금 한 칸은 1권을 나타내므로 동화책은 2권, 위인전은 10권입니다.
(만화책의 수)$=25-2-5-10=8$(권)

❷ $10>8>5>2$이므로 가장 많이 읽은 책의 종류는 위인전입니다.

답 위인전

5

규칙 찾기

❶

순서	첫째	둘째	셋째	넷째
가장 작은 삼각형의 수(개)	1	4	9	16
계산식	1×1	2×2	3×3	4×4

■째에 그려야 할 모양에서 가장 작은 삼각형의 수는 ■$\times$■입니다.

❷ $9\times9=81$(개)

답 81개

6

막대그래프

❶ 막대그래프의 가로 눈금 한 칸은 $15\div5=3$ (mm)를 나타내므로 4월의 강수량은 72 mm입니다.
➡ (3월의 강수량)$=72-45=27$ (mm)

❷ 1월의 강수량은 21 mm, 2월의 강수량은 45 mm이므로 1월부터 4월까지의 강수량의 합은 $21+45+27+72=165$ (mm)입니다.

답 165 mm

7

막대그래프

❶ **미술관에 가고 싶은 학생은 몇 명인지 구하기**
막대그래프의 세로 눈금 한 칸은 1명을 나타내므로 영화관은 9명, 박물관은 6명, 놀이공원은 8명입니다.
(미술관에 가고 싶은 학생 수)
$=25-9-6-8=2$(명)

❷ **놀이공원에 가고 싶은 학생 수는 미술관에 가고 싶은 학생 수의 몇 배인지 구하기**
$8\div2=4$(배)

답 4배

8

규칙 찾기

❶ **더 그리는 종의 수를 확인하여 종의 수와 계산식 2개를 표 나타내기**

순서	첫째	둘째	셋째	넷째
종의 수 (개)	1	4	9	16
계산식 1	1	$1+3$	$1+3+5$	$1+3+5+7$
계산식 2	1×1	2×2	3×3	4×4

❷ **여섯째에 그려야 하는 종은 몇 개인지 구하기**
계산식 1: $1+3+5+7+9+11=36$(개)
계산식 2: $6\times6=36$(개)
따라서 여섯째에 그려야 하는 종은 36개입니다.

답 예 $1+3+5+7+9+11=36$, $6\times6=36$ / 36개

참고 여섯째에 그려야 하는 종의 수 36개를 구하는 계산식을 두 가지로 타당하게 나타내었다면 정답으로 인정합니다.

9

규칙 찾기

❶ **바둑돌을 놓는 규칙 찾기**
첫째: $1\times2=2$(개), 둘째: $2\times3=6$(개), 셋째: $3\times4=12$(개), 넷째: $4\times5=20$(개)이므로 ■째에 놓는 바둑돌의 수는 ■$\times$(■$+1$)입니다.

❷ **바둑돌을 110개 놓아야 할 때는 몇째인지 구하기**
$10\times11=110$이므로 바둑돌을 110개 놓아야 할 때는 열째입니다.

답 열째

표를 만들어 해결하기

익히기 100~101쪽

1 규칙 찾기

문제 분석 다섯째에 놓이는 파란색 모양과 노란색 모양은 각각 몇 개

풀이 ❶

순서	첫째	둘째	셋째	넷째
파란색 모양의 수(개)	3	5	7	9
노란색 모양의 수(개)	1	4	9	16

❷ 2 / 5, 7

❸ 2, 9, 2, 11 / 9, 16, 9, 25

답 11, 25

다른 풀이 노란색 모양의 수는
첫째: $1\times1=1$(개), 둘째: $2\times2=4$(개), 셋째: $3\times3=9$(개), 넷째: $4\times4=16$(개)이므로 다섯째에는 $5\times5=25$(개)와 같이 구할 수 있습니다.

2 방법의 수

문제 분석 이 색 테이프를 겹치지 않게 길게 이어서 만들 수 있는 길이는 모두 몇 가지
2 / 2

해결 전략 3

풀이 ❶

2 cm인 색 테이프의 수(개)	0	1	1	2	2	2
2 cm인 색 테이프의 길이의 합(cm)	0	2	2	4	4	4
3 cm인 색 테이프의 수(개)	2	1	2	0	1	2
3 cm인 색 테이프의 길이의 합(cm)	6	3	6	0	3	6
만들 수 있는 길이(cm)	6	5	8	4	7	10

❷ 6, 7, 8, 10, 6

답 6

적용하기 102~105쪽

1 방법의 수

❶

티셔츠	①	①	②	②	③	③
바지	㉠	㉡	㉠	㉡	㉠	㉡

❷ 위 표에 6가지로 나타내었으므로 티셔츠와 바지를 서로 다르게 입는 방법은 모두 6가지입니다.

답 6가지

2 방법의 수

❶ (젤리만 살 때 살 수 있는 젤리의 수)
=(가지고 있는 돈)÷(젤리 한 개의 가격)
=2000÷500=4(개)
(사탕만 살 때 살 수 있는 사탕의 수)
=(가지고 있는 돈)÷(사탕 한 개의 가격)
=2000÷200=10(개)

❷ 살 수 있는 젤리의 수는 4개까지이고 살 수 있는 사탕의 수는 10개까지이므로 한 개의 가격이 더 높은 젤리의 수에 따라 사탕의 수와 전체 금액을 구하는 표를 만들어 봅니다.

젤리의 수(개)	0	1	2	3	4
젤리의 금액(원)	0	500	1000	1500	2000
사탕의 수(개)	10	7	5	2	0
사탕의 금액(원)	2000	1400	1000	400	0
전체 금액(원)	2000	1900	2000	1900	2000

❸ 위 표에서 전체 금액이 2000원이 되는 때를 찾으면 모두 3가지입니다.

답 3가지

3 규칙 찾기

❶

층	1	2	3	4	5	6
방향	가로	세로	가로	세로	가로	세로
벽돌의 수(개)	2	3	2	3	2	3

❷ 2개, 3개씩 번갈아 가며 쌓는 규칙이 있으므로
(11층까지 쌓는 데 필요한 벽돌의 수)
$=2+3+2+3+2+3+2+3+2+3+2$
$=27$(개)입니다.
가로, 세로로 번갈아 가며 쌓는 규칙이 있으므로 11층에 놓이는 벽돌은 가로로 놓입니다.

답 27개, 가로

4
자료의 정리

❶

모양 \ 이름	민규	지영	인하
원	×	○	×
사각형	○	×	×
오각형	×	×	○

❷ 위 표에서 ○표 한 곳을 찾으면 가지고 있는 블록 모양은 민규는 사각형 모양, 지영이는 원 모양, 인하는 오각형 모양입니다.

답 민규: 사각형, 지영: 원, 인하: 오각형

5
방법의 수

❶

㉠	㉮	㉮	㉯	㉯	㉰	㉰
㉡	㉯	㉰	㉮	㉰	㉮	㉯
㉢	㉰	㉯	㉰	㉮	㉯	㉮

❷ 위 표에 6가지로 나타내었으므로 3명의 어린이가 의자에 앉는 방법은 모두 6가지입니다.

답 6가지

6
규칙 찾기

❶

순서	첫째	둘째	셋째	넷째
흰색 바둑돌의 수(개)	3	6	10	15
검은색 바둑돌의 수(개)	1	3	6	10
차(개)	2	3	4	5

❷ 흰색 바둑돌과 검은색 바둑돌의 개수의 차는 2개, 3개, 4개, 5개, ……로 1개씩 늘어나는 규칙입니다.

❸ 일곱째에 놓이는 흰색 바둑돌과 검은색 바둑돌의 개수의 차는 $5+1+1+1=8$(개)입니다.

답 8개

7
방법의 수

❶ **줄을 서는 방법을 표에 나타내기**
남자 2명을 ㉠, ㉡, 여자 2명을 ㉮, ㉯로 하여 표에 나타냅니다.

첫째	㉠	㉠	㉡	㉡	㉮	㉮	㉯	㉯
둘째	㉮	㉯	㉮	㉯	㉠	㉡	㉠	㉡
셋째	㉡	㉡	㉠	㉠	㉯	㉯	㉮	㉮
넷째	㉯	㉮	㉯	㉮	㉡	㉠	㉡	㉠

❷ **줄을 서는 방법은 모두 몇 가지인지 구하기**
위 표에 8가지로 나타내었으므로 줄을 서는 방법은 모두 8가지입니다.

답 8가지

8
규칙 찾기

❶ **주황색 사각형과 분홍색 사각형의 개수를 표에 나타내기**

순서	첫째	둘째	셋째	넷째
주황색 사각형의 수(개)	1	3	5	7
분홍색 사각형의 수(개)	0	1	2	3

❷ **주황색 사각형과 분홍색 사각형의 개수의 규칙 찾기**
주황색 사각형: 1개, 3개, 5개, 7개, ……로 2개씩 늘어나고 있습니다.
분홍색 사각형: 0개, 1개, 2개, 3개, ……로 1개씩 늘어나고 있습니다.

❸ **여덟째에 놓이는 주황색 사각형과 분홍색 사각형의 개수 각각 구하기**
주황색 사각형: $7+2+2+2+2=15$(개)
분홍색 사각형: $3+1+1+1+1=7$(개)

답 주황색 사각형: 15개, 분홍색 사각형: 7개

9
방법의 수

❶ **가, 나를 서로 다른 색깔로 꾸미는 방법을 표에 나타내기**
노란색은 '노', 파란색은 '파', 주황색은 '주', 초록색은 '초'로 하여 표에 나타냅니다.

가	노	노	노	파	파	파	주	주	주	초	초	초
나	파	주	초	노	주	초	노	파	초	노	파	주

❷ **가, 나를 서로 다른 색깔로 꾸미는 방법은 모두 몇 가지인지 구하기**

앞 표에 12가지로 나타내었으므로 가, 나를 서로 다른 색으로 꾸미는 방법은 모두 12가지입니다.

답 12가지

규칙을 찾아 해결하기

익히기 106~107쪽

1 규칙 찾기

문제 분석 ★에 알맞은 수

42000

풀이 ❶ 4000, 6000, 8000 / 10000, 12000

❷ 10000, 60000

❸ 60000, 12000, 72000

답 72000

2 규칙 찾기

문제 분석 여섯째에 알맞은 모양을 그리고 □ 안에 알맞은 수

풀이 ❶ 7

❷ 9, 11 /

다섯째

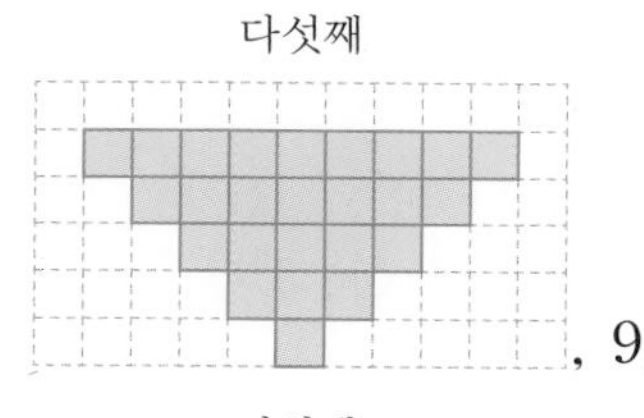

, 9, 25 /

여섯째

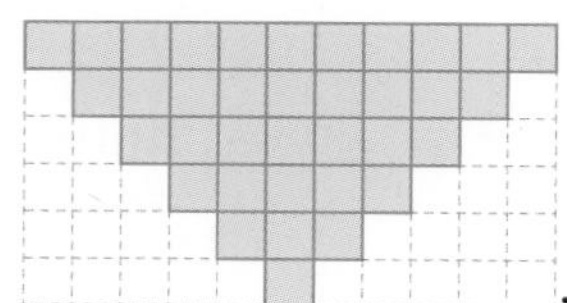

, 25, 11, 36

답 , 36

적용하기 108~111쪽

1 규칙 찾기

❶ 3 / 3

2430÷3=810, 135÷3=45

❷ 810÷3=270이므로 ■에 알맞은 수는 270입니다.

45÷3=15이므로 ●에 알맞은 수는 15입니다.

❸ 270×15=4050

답 4050

2 규칙 찾기

❶ 2 / 3, 3 / 4, 4

●×●=■에서 ●가 1이 ★개인 수이면 ■는 123……★……321이 되는 규칙입니다.

❷ 11111은 1이 5개인 수이므로 11111×11111=123454321입니다.

답 123454321

3 규칙 찾기

❶ 1, 12, 123, 1234와 같이 자릿수가 하나씩 늘어난 수에 각각 9를 곱하면 10, 110, 1110, 11110과 같은 수에서 1, 2, 3, 4와 같이 1씩 늘어난 수를 빼는 결과가 나오는 규칙입니다.

❷ 다섯째: 12345×9=111110−5

여섯째: 123456×9=1111110−6

❸ 1234567×9=11111110−7

답 1234567×9=11111110−7

4 규칙 찾기

❶ 연속된 홀수를 6개 더한 것입니다.

❷ 연속된 홀수를 5개 더한 것입니다.

❸ 1+3+5+7+9+11은 연속된 홀수를 6개 더한 것이므로 6을 두 번 곱한 6×6과 같고, 9+7+5+3+1은 연속된 홀수를 5개 더한 것이므로 5를 두 번 곱한 5×5와 같습니다.

$\Rightarrow \underbrace{1+3+5+7+9+11}_{6\times 6}+\underbrace{9+7+5+3+1}_{5\times 5}$

$=36+25=61$

답 (앞에서부터) 5, 5 / 61

5 규칙 찾기

❶ 가장 왼쪽에 있는 수를 5배 하고 5로 한 번 더 나누어 계산식을 쓰는 규칙입니다.

❷ 가장 왼쪽의 수 49를 7배 하고 7로 한 번 더 나누어 계산식을 씁니다.
$49 \times 7 = 343$을 7로 3번 나누면 되므로 $343 \div 7 \div 7 \div 7 = 1$입니다.

❸ 가장 왼쪽의 수 343을 7배 하고 7로 한 번 더 나누어 계산식을 씁니다.
$343 \times 7 = 2401$을 7로 4번 나누면 되므로 $2401 \div 7 \div 7 \div 7 \div 7 = 1$입니다.

답 $343 \div 7 \div 7 \div 7 = 1$ / $2401 \div 7 \div 7 \div 7 \div 7 = 1$

6 규칙 찾기

❶ 초록색 사각형을 중심으로 주황색 사각형을 왼쪽, 위쪽, 오른쪽으로 1개씩 차례로 늘어나게 그리는 규칙입니다.

❷ 다섯째 그림에서 오른쪽에 주황색 사각형을 1개 더 늘어나게 그립니다.

여섯째

답 풀이 참조

7 규칙 찾기

❶ 보기에서 계산식의 규칙 찾기
보기에서 계산 결과는 왼쪽 더하는 수들 중 가운데 수를 두 번 곱한 것과 같습니다.

❷ □ 안에 알맞은 수 써넣기
더하는 수들 중 가운데 수가 30이므로 주어진 식의 계산 결과는 $30 \times 30 = 900$입니다.

답 30, 30, 900

8 규칙 찾기

❶ [계산식 1]의 규칙 찾기
가장 오른쪽 수에서 가장 왼쪽 수를 빼면 계산 결과는 4입니다.

❷ [계산식 2]의 규칙 찾기
↘ 방향의 세 수의 합은 ↙ 방향의 세 수의 합과 같습니다.

❸ 빈칸에 알맞은 식 써넣기
[계산식 1] $55 - 51 = 4$
[계산식 2] 예 $32 + 43 + 54 = 34 + 43 + 52$

답 풀이 참조

9 규칙 찾기

❶ 계산식에서 규칙 찾기
600, 700, 800, 900, ……과 같이 100씩 커지는 수에서 각각 300, 400, 500, 600, ……과 같이 100씩 커지는 수를 빼고 200, 300, 400, 500, ……과 같이 100씩 커지는 수를 더하면 계산 결과는 100씩 커집니다.

❷ 계산 결과가 1200이 나오는 계산식 구하기
1200은 800보다 400 큰 수입니다. 따라서 900보다 400 큰 1300에서 600보다 400 큰 1000을 빼고 500보다 400 큰 900을 더하면 1200이 됩니다.
➡ $1300 - 1000 + 900 = 1200$

답 $1300 - 1000 + 900 = 1200$

조건을 따져 해결하기

익히기 112~113쪽

1 막대그래프

문제 분석 남학생과 여학생이 모은 칭찬 붙임 딱지 수의 합이 가장 많은 반은 어느 반이고, 그 합은 몇 개

풀이 ❶ 6, 12, 6, 12, 18 / 12, 16, 12, 16, 28
❷ 28, 18, 3, 28

답 3, 28

2 규칙 찾기

문제 분석 다음 조건을 모두 만족하는 수
17, 23

풀이 ❶ 17, 23, 80
❷ 5, 80, 5, 16
❸ 16

답 16

적용하기 114~117쪽

1 막대그래프

❶ 막대그래프의 세로 눈금 한 칸은 1명을 나타내므로 치킨을 좋아하는 학생은 10명, 김밥을 좋아하는 학생은 8명입니다.
(라면과 피자를 좋아하는 학생 수)
$=32-10-8=14$(명)

❷ 피자를 좋아하는 학생 수를 □명이라고 하면 라면을 좋아하는 학생 수는 (□-4)명이므로
□$+$□$-4=14$, □$+$□$=18$, □$=9$입니다.
따라서 피자를 좋아하는 학생은 9명이고,
라면을 좋아하는 학생은 $9-4=5$(명)입니다.

답 라면: 5명, 피자: 9명

2 막대그래프

❶ 플루트를 연주한 학생이 3명이므로 첼로를 연주한 학생은 $3\times3=9$(명)입니다.

❷ 첼로를 연주한 학생이 9명이므로 클라리넷을 연주한 학생은 $9-2=7$(명)입니다.

❸ 바이올린은 8명, 첼로는 9명, 클라리넷은 7명, 플루트는 3명입니다.
따라서 $9>8>7>3$이므로 두 번째로 많은 학생이 연주한 악기는 바이올린입니다.

답 바이올린

3 막대그래프

❶ 운동하기가 취미인 학생 수를 나타내는 막대는 5칸이므로 그림 그리기가 취미인 학생 수를 나타내는 막대는 $5-3=2$(칸)입니다.

❷ 막대그래프의 세로 눈금 한 칸은
$10\div5=2$(명)을 나타냅니다.
따라서 그림 그리기가 취미인 학생은
$2\times2=4$(명)입니다.

답 4명

4 막대그래프

❶ 1반의 1등 한 학생이 11명이므로 3반의 1등 한 학생은 $11-3=8$(명)입니다.

❷ (1등 한 전체 학생 수)$=11+14+8=33$(명)

❸ (필요한 공책 수)$=33\times2=66$(권)

답 66권

5 규칙 찾기

❶ 넷째 모양에서 왼쪽으로 사각형이 1개 늘어나도록 그립니다.

다섯째

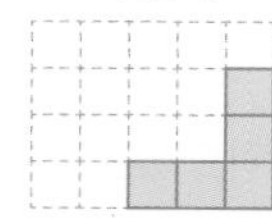

❷ 다섯째 모양에서 위쪽으로 사각형이 1개 늘어나도록 그립니다.

여섯째

답 풀이 참조

6 규칙 찾기

❶ 5
$113+212+213+214+313$
$=213\times5=1065$

❷ 가운데 있는 수가 317이므로 (십자 모양) 안에 있는 5개의 수의 합은 $317\times5=1585$입니다.

답 1585

7 막대그래프

❶ **전체 남학생은 몇 명인지 구하기**
(전체 남학생 수)$=7+5+8+4=24$(명)

❷ **가을을 좋아하는 여학생은 몇 명인지 구하기**
(가을을 좋아하는 여학생 수)
$=24-8-6-7=3$(명)

답 3명

8 규칙 찾기

❶ **㉠의 조건을 만족하는 규칙적인 수의 배열 찾기**
$3345-4355-5365-6375$

❷ **㉡의 조건을 만족하는 규칙적인 수의 배열 찾기**
$6355-5365-4375-3385-2395$

❸ **두 수의 배열에 모두 포함되는 수 구하기**
❶, ❷에서 구한 수의 배열에 모두 포함되는 수는 5365입니다.

답 5365

규칙성·자료와 가능성 마무리하기 1회 118~121쪽

1 12개　　2 52명
3 (위에서부터) 230543, 330632, 330665, 430754
4 3월
5 예 초록색 사각형을 중심으로 시작하여 주황색 사각형을 시계 방향으로 1개씩 늘어나게 그리는 규칙입니다. /

여섯째　　여덟째

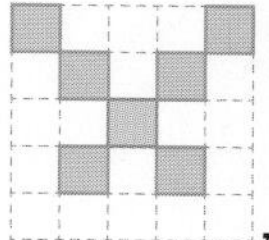
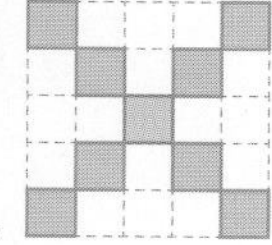

6 7칸
7 4 cm, 6 cm, 8 cm, 10 cm, 12 cm, 14 cm, 16 cm
8 68888888　　9 148명
10 11개

1 식을 만들어 해결하기

공깃돌의 수와 계산식을 표에 나타내어 봅니다.

순서	첫째	둘째	셋째
공깃돌의 수(개)	2	4	6
계산식	2×1	2×2	2×3

■째에 놓이는 공깃돌의 수는 $2\times$■입니다.
따라서 여섯째에 놓아야 할 공깃돌은
$2\times6=12$(개)입니다.

2 식을 만들어 해결하기

막대그래프의 세로 눈금 한 칸은
$10\div5=2$(명)을 나타내므로 태권도를 좋아하는 학생은 16명, 유도를 좋아하는 학생은 12명, 양궁을 좋아하는 학생은 18명, 레슬링을 좋아하는 학생은 6명입니다.
따라서 조사한 전체 학생은 모두
$16+12+18+6=52$(명)입니다.

3 규칙을 찾아 해결하기

오른쪽으로 갈수록 11씩 커지고 아래로 내려갈수록 100100씩 커집니다.

4 조건을 따져 해결하기

막대그래프의 세로 눈금 한 칸은
$1000\div2=500$(원)을 나타내므로 5월에 저금한 금액은 $500\times3=1500$(원)입니다.
5월에 저금한 금액의 3배는
$1500\times3=4500$(원)이므로 3월에 저금한 금액은 4500원입니다. 저금한 금액이 4월은 3500원, 6월은 5000원, 7월은 2000원이므로 두 번째로 많이 저금한 달은 3월입니다.

참고 저금한 금액을 나타내는 막대의 칸 수를 비교하여 해결할 수도 있습니다.

6 조건을 따져 해결하기

막대그래프의 세로 눈금 한 칸은
$10\div5=2$(개)를 나타냅니다.
2반의 칭찬 붙임 딱지는 20개이므로 3반의 칭찬 붙임 딱지는 $20-6=14$(개)입니다.
따라서 3반의 칭찬 붙임 딱지 수를 나타내는 막대는 $14\div2=7$(칸)입니다.

7 표를 만들어 해결하기

2 cm와 4 cm인 막대를 이용하여 만들 수 있는 길이의 합을 구하여 표에 나타내어 봅니다.

2 cm인 막대의 수(개)	0	0	1	1	1
2 cm인 막대의 길이의 합(cm)	0	0	2	2	2
4 cm인 막대의 수(개)	2	3	1	2	3
4 cm인 막대의 길이의 합(cm)	8	12	4	8	12
만들 수 있는 길이(cm)	8	12	6	10	14

2 cm인 막대의 수(개)	2	2	2	2
2 cm인 막대의 길이의 합(cm)	4	4	4	4
4 cm인 막대의 수(개)	0	1	2	3
4 cm인 막대의 길이의 합(cm)	0	4	8	12
만들 수 있는 길이(cm)	4	8	12	16

따라서 만들 수 있는 길이는 4 cm, 6 cm, 8 cm, 10 cm, 12 cm, 14 cm, 16 cm입니다.

주의 막대를 이어서 길이를 만드는 것이므로 막대 하나의 길이를 생각하지 않도록 주의합니다.

8 규칙을 찾아 해결하기

9에 1, 21, 321, 4321과 같이 자릿수가 하나씩 늘어난 수를 곱한 값에서 1을 빼면 8, 188, 2888, 38888과 같이 맨 앞의 수가 0, 1, 2, 3, ……으로 1씩 커지고 맨 뒤에 8이 하나씩 늘어나는 규칙입니다.
따라서 7654321이 일곱 자리 수이므로
9×7654321−1=68888888입니다.

9 조건을 따져 해결하기

장래 희망이 의사인 학생 수를 나타내는 막대 7칸이 28명을 나타내므로 세로 눈금 한 칸은 28÷7=4(명)을 나타냅니다.
연예인은 36명, 경찰관은 24명,
요리사는 16명, 의사는 28명,
선생님은 24명, 운동선수는 20명이므로
(성재네 학교 4학년 학생 수)
=36+24+16+28+24+20=148(명)
입니다.

10 표를 만들어 해결하기

검은색 바둑돌의 수와 흰색 바둑돌의 수를 표에 나타내어 봅니다.

순서	첫째	둘째	셋째	넷째
검은색 바둑돌의 수(개)	3	5	7	9
흰색 바둑돌의 수(개)	1	2	3	4
차(개)	2	3	4	5

검은색 바둑돌과 흰색 바둑돌의 개수의 차는 2개, 3개, 4개, 5개, ……로 1개씩 늘어나는 규칙입니다.
따라서 열째에 놓이는 검은색 바둑돌은
흰색 바둑돌보다
5+1+1+1+1+1+1=11(개) 더 많습니다.

규칙성·자료와 가능성 마무리하기  122~125쪽

1 76초
2 87654321×9
=800000000−11111111
3 36개
4 수영
5 예 36+42=91+97−110
6 9가지
7 분홍색 모양: 20개, 노란색 모양: 36개
8 15마리
9 10칸
10 21 cm

1 식을 만들어 해결하기

막대그래프의 가로 눈금 한 칸은
10÷5=2(초)를 나타내므로 진서의 달리기 기록은 20초, 가온이의 달리기 기록은 18초, 수현이의 달리기 기록은 22초입니다.
➡ (소희의 달리기 기록)=20−4=16(초)
따라서 4명의 달리기 기록의 합은
20+16+18+22=76(초)입니다.

2 규칙을 찾아 해결하기

1, 21, 321, 4321, ……과 같이 자릿수가 하나씩 늘어난 수에 9를 곱한 값은 10, 200, 3000, 40000, ……에서 1, 11, 111, 1111, ……과 같이 1이 1개씩 늘어나는 수를 뺀 값과 같습니다.
800000000−11111111에서 1이 8개이므로 여덟째 계산식입니다.
➡ 87654321×9=800000000−11111111

3 식을 만들어 해결하기

바둑돌의 수와 계산식을 표에 나타내어 봅니다.

순서	첫째	둘째	셋째	넷째
바둑돌의 수(개)	1	3	6	10
계산식	1	1+2	1+2+3	1+2+3+4

따라서 여덟째에 놓이는 바둑돌은
1+2+3+4+5+6+7+8=36(개)입니다.

4 조건을 따져 해결하기

막대그래프의 세로 눈금 한 칸은 10÷5=2(명)을 나타냅니다.
탁구를 좋아하는 남학생은 16명, 여학생은 4명이므로 모두 16+4=20(명)입니다.
수영을 좋아하는 남학생은 14명, 여학생은 20명이므로 모두 14+20=34(명)입니다.
테니스를 좋아하는 남학생은 8명, 여학생은 12명이므로 모두 8+12=20(명)입니다.
자전거 타기를 좋아하는 남학생은 16명, 여학생은 16명이므로 모두 16+16=32(명)입니다.
따라서 가장 많은 학생이 좋아하는 운동은 수영입니다.

5 규칙을 찾아 해결하기

윗줄의 연속된 두 수의 합은 바로 아랫줄에 있는 연속된 두 수의 합에서 110을 뺀 값과 같습니다.

참고 주어진 답 외에도
79+85=134+140−110,
91+97=146+152−110과 같이
답할 수 있습니다.

6 표를 만들어 해결하기

가위바위보를 할 때 나올 수 있는 경우를 모두 생각하여 표에 나타내어 봅니다.

나은	가위	가위	가위	바위	바위	바위
승영	가위	바위	보	가위	바위	보

나은	보	보	보
승영	가위	바위	보

따라서 나올 수 있는 경우는 모두 9가지입니다.

7 표를 만들어 해결하기

분홍색 모양과 노란색 모양의 수를 표에 나타내어 봅니다.

순서	첫째	둘째	셋째	넷째
분홍색 모양의 수(개)	5	8	11	14
노란색 모양의 수(개)	1	4	9	16

분홍색 모양은 3개씩 늘어나는 규칙이고, 노란색 모양은 3개, 5개, 7개, ……씩 늘어나는 규칙입니다.
다섯째 ➡ 분홍색 모양의 수: 14+3=17(개),
노란색 모양의 수: 16+9=25(개)
여섯째 ➡ 분홍색 모양의 수: 17+3=20(개),
노란색 모양의 수: 25+11=36(개)

8 조건을 따져 해결하기

막대그래프의 세로 눈금 한 칸은 15÷5=3(마리)를 나타냅니다.
부엉이는 12마리, 비둘기는 30마리, 앵무새는 18마리이므로 독수리와 까치의 수는 90−12−30−18=30(마리)입니다.
독수리와 까치의 수가 같으므로 독수리와 까치는 각각 15마리입니다.
따라서 까치는 비둘기보다 30−15=15(마리) 적습니다.

9 조건을 따져 해결하기

막대그래프의 세로 눈금 한 칸이 1명을 나타내므로 롤러코스터 한 칸에 탈 수 있는 사람은 3명입니다.
(전체 학생 수)÷(한 칸에 탈 수 있는 사람 수)
=28÷3=9⋯1
따라서 9칸에 27명이 타고 1명이 남으므로 롤러코스터는 적어도 9+1=10(칸)이 있어야 합니다.

주의 28÷3=9⋯1에서 9칸을 답으로 하는 경우가 있습니다. 한 칸에 3명씩 9칸에 타고 나면 1명이 남습니다.
남은 1명도 롤러코스터를 타야 하므로 롤러코스터는 적어도 10칸이 있어야 합니다.

10 규칙을 찾아 해결하기

작은 정사각형부터 차례로 한 변의 길이를 적어 보면 1 cm, 1 cm, 2 cm, 3 cm, 5 cm, 8 cm, 13 cm입니다.
앞에 그린 두 정사각형의 한 변의 길이의 합이 다음 정사각형의 한 변의 길이가 되는 규칙입니다. 따라서 ⑧에 그려야 할 정사각형의 한 변의 길이는 8+13=21 (cm)입니다.

문제 해결력 TEST

01 ㉠: 21, ㉡: 19 **02** 25개
03 **04** 240°
05 25°
06 160
07 4개
08 백만의 자리 수: 4, 십의 자리 수: 3
09 33일 후 **10** 4개
11 260 g **12** 4800원
13 4 **14** 16명
15 1337 **16** 874224
17 2시간 46분 **18** 126°
19 361개 **20** 123200원

01

차가 2인 두 수(㉠>㉡)를 예상하고 곱을 확인해 봅니다.

- ㉠=20, ㉡=18이라고 예상하면 ㉠×㉡=360입니다.
  ➡ 두 수가 더 커져야 합니다.
- ㉠=21, ㉡=19라고 예상하면 ㉠×㉡=399입니다.
  ➡ 조건에 맞습니다.

02

구슬이 4개, 7개, 10개, 13개로 3개씩 늘어나는 규칙입니다.

➡ 여덟째: $13+3+3+3+3=25$(개)

참고 $4+\underbrace{3+3+3+3+3+3+3}_{7개}=25$(개)와 같이 구할 수도 있습니다.

03

거꾸로 생각하여 오른쪽 도형을 시계 반대 방향으로 270°만큼 돌리고 왼쪽으로 뒤집은 도형을 그려 봅니다.

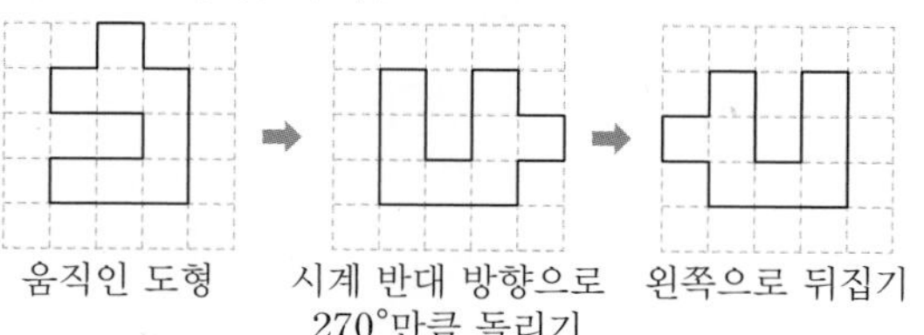

04

시작 시각

끝난 시각

영화를 보는 동안 시계의 긴바늘은 오른쪽과 같이 움직였습니다. 연이은 두 숫자 사이의 각도는 30°이므로 영화를 보는 동안 긴바늘이 움직인 각도는 30°×8=240°입니다.

05

삼각형의 세 각의 크기의 합은 180°이므로
(각 ㄴㄷㄹ)+(각 ㄴㄹㄷ)+40°=180°이고,
(각 ㄴㄷㄹ)+(각 ㄴㄹㄷ)=180°−40°=140°이므로
(각 ㄴㄷㄹ)=(각 ㄴㄹㄷ)=140°÷2=70°입니다.
사각형의 네 각의 크기의 합은 360°이므로
(각 ㄱㄴㄹ)=360°−125°−40°−70°−100°
=25°입니다.

06

(어떤 수)×23=㉠이라고 하면
㉠÷32=115입니다.
㉠=32×115=3680
따라서 어떤 수는 3680÷23=160입니다.

07

초콜릿의 수가 모두 10개가 되도록 표를 만들어 봅니다.

150원짜리 초콜릿 수(개)	1	2	3	4	5	6
150원짜리 초콜릿 금액(원)	150	300	450	600	750	900
200원짜리 초콜릿 수(개)	9	8	7	6	5	4
200원짜리 초콜릿 금액(원)	1800	1600	1400	1200	1000	800
금액의 합(원)	1950	1900	1850	1800	1750	1700

따라서 200원짜리 초콜릿은 4개 살 수 있습니다.

08

각 자리 수의 합이 45이므로 백만의 자리 수와 십의 자리 수의 합을 구하면
45－3－6－1－7－4－8－9＝7입니다.
■＋▲＝7, ■×▲＝12인 두 수를 찾으면 3＋4＝7, 3×4＝12이므로 3과 4이고 이때 백만의 자리 수가 십의 자리 수보다 더 크므로 백만의 자리 수는 4, 십의 자리 수는 3입니다.

09

상아는 인수보다 하루에 800－500＝300(원)씩 더 많이 저금을 합니다.
(오늘 두 사람의 저금액의 차)
＝18900－9000＝9900(원)
(두 사람의 저금액이 같아질 때까지 저금하는 횟수)＝9900÷300＝33(회)
따라서 인수와 상아의 저금액이 같아지는 때는 오늘부터 33일 후입니다.

10

알파벳 카드를 시계 반대 방향으로 90°만큼 돌린 규칙이고 4개씩 같은 모양이 반복됩니다. 따라서 열일곱째까지 움직인 모양 중에서 셋째 모양과 같은 모양은 셋째, 일곱째, 열하나째, 열다섯째 모양이므로 모두 4개입니다.

11

귤 1개의 무게를 귤 g,
사과 1개의 무게를 사과 g이라 하면
(귤＋귤＋귤＋사과＋사과)＝775
－(귤＋귤　　＋사과＋사과)＝690
귤＝ 85
귤＋귤＋사과＋사과
＝85＋85＋사과＋사과
＝170＋사과＋사과＝690,
사과＋사과＝690－170＝520,
사과＝520÷2＝260
따라서 사과 1개의 무게는 260 g입니다.

12

낱개로 480개를 사는 경우:
450×480＝216000(원)
묶음으로 사는 경우:
480÷5＝96(묶음)을 산 것이므로
2200×96＝211200(원)입니다.
따라서 묶음으로 산 것은 낱개로 사는 것보다 216000－211200＝4800(원) 싸게 산 것입니다.

다른 풀이
(묶음으로 살 때 우유 1개의 값)
＝2200÷5＝440(원)
묶음으로 사면 낱개로 사는 것보다 우유 1개당 450－440＝10(원) 싸게 사는 것입니다.
따라서 480개를 묶음으로 사는 것은
10×480＝4800(원) 싸게 산 것입니다.

13

만든 두 수의 합이 78887에서 만의 자리 숫자가 7이므로 수 카드의 수는 7보다 작아야 합니다. 7보다 작은 수 중에서 ㉠이 될 수 있는 수는 0, 2, 4입니다.
- ㉠＝0이라면 가장 큰 수는 65310,
  가장 작은 수는 10356이므로
  65310＋10356＝75666입니다. (×)
- ㉠＝2라면 가장 큰 수는 65321,
  가장 작은 수는 12356이므로
  65321＋12356＝77677입니다. (×)
- ㉠＝4라면 가장 큰 수는 65431,
  가장 작은 수는 13456이므로
  65431＋13456＝78887입니다. (◯)

따라서 ㉠에 알맞은 수는 4입니다.

14

(송희가 가진 색종이 수)
＝(파란색 색종이 수)＋(빨간색 색종이 수)
＝21＋37＝58(장)
58×2＝116, 116－4＝112이므로 창환이가 가진 색종이 수는 112장입니다.
따라서 창환이는 색종이를 112÷7＝16(명)에게 나누어 줄 수 있습니다.

15

6, 5, 9 로 만든 가장 큰 세 자리 수:

965

965 ◐ 596

어떤 수를 □라고 하면 596－□＝224,
□＝596－224＝372입니다.
따라서 965＋372＝1337입니다.

16

곱셈식에서 곱의 십의 자리와 일의 자리는 4×6＝24로 일정합니다. 곱하는 두 수의 십의 자리 숫자와 곱에서 24를 제외한 나머지 숫자와의 관계를 알아봅니다.

1×2＝2 ➡ 14×16＝224,
2×3＝6 ➡ 24×26＝624,
3×4＝12 ➡ 34×36＝1224,
4×5＝20 ➡ 44×46＝2024,
5×6＝30 ➡ 54×56＝3024이므로 곱하는 두 수의 일의 자리 숫자 4와 6을 제외한 숫자와 그보다 1 큰 수의 곱이 계산식의 곱에서 24를 제외한 나머지 숫자가 됩니다.

934×936의 값은 4와 6을 제외한 93과 93보다 1 큰 수의 곱을 구하면 93×94＝8742이므로 934×936＝874224입니다.

17

단순화하여 길이가 10 m인 통나무를 2 m씩 자르는 데 자르는 횟수를 알아봅니다.

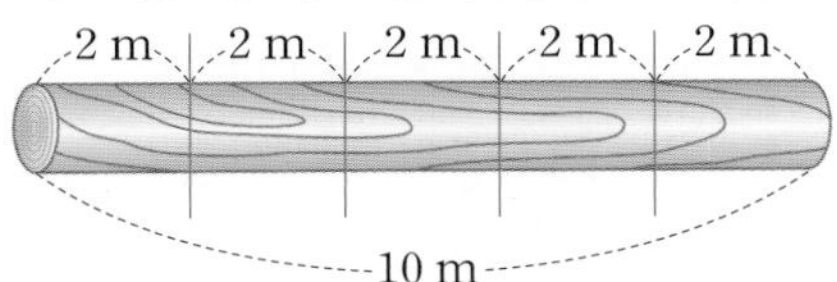

➡ 10÷2＝5, 5－1＝4(번) 자르게 됩니다.

자르는 횟수는 총 길이를 자르는 길이로 나눈 후 1을 뺀 값과 같습니다.

따라서 50 m인 통나무를 2 m씩 자르는 횟수는 50÷2＝25, 25－1＝24(번)입니다.

한 번 자르는 데 걸리는 시간이 5분이고 2분씩 쉬므로 모두 7분이 걸립니다. 이때 마지막에 자르고 난 후에는 쉴 필요가 없으므로 총 걸리는 시간은

7×23＝161 ➡ 161＋5＝166(분)
➡ 2시간 46분입니다.

18

점 ㄴ과 점 ㄷ을 이으면 직각삼각형 ㄱㄴㄷ을 만들 수 있습니다.

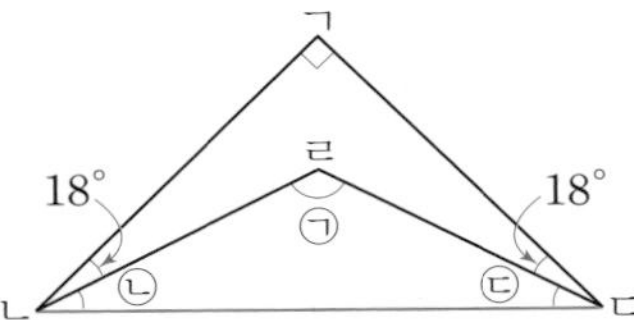

삼각형의 세 각의 크기의 합은 180°이므로
90°＋18°＋㉡＋㉢＋18°＝180°,
㉡＋㉢＋126°＝180°,
㉡＋㉢＝180°－126°＝54°입니다.
삼각형 ㄹㄴㄷ에서 ㉠＋㉡＋㉢＝180°이므로 ㉠＋54°＝180°, ㉠＝180°－54°＝126°입니다.

19

각 줄까지 놓은 바둑돌의 수와 식을 표에 나타내 봅니다.

순서	첫째 줄	둘째 줄	셋째 줄	넷째 줄
바둑돌의 수(개)	1	4	9	16
계산식	1×1	2×2	3×3	4×4

■째 줄까지 놓인 바둑돌의 수는 ■×■입니다.
따라서 열아홉째 줄까지 놓으려면 바둑돌은 모두 19×19＝361(개) 필요합니다.

20

세로 눈금 한 칸은 10÷5＝2(명)을 나타내므로 반별 학생 수를 구하면
1반: 12＋14＝26(명),
2반: 8＋10＝18(명),
3반: 14＋8＝22(명),
4반: 10＋12＝22(명)입니다.
(4학년 전체 학생 수)
＝26＋18＋22＋22＝88(명)이므로
필요한 공책은 88×2＝176(권)입니다.
따라서 필요한 금액은
176×700＝123200(원)입니다.

문제 해결의 길잡이 원리

수학 4-1

초등학교		
학년	반	이름

초등학교에서 탄탄하게 닦아 놓은
공부력이 중·고등 학습의 실력을 가릅니다.

하루한장 쏙셈

쏙셈 시작편
초등학교 입학 전 연산 시작하기
[2책] 수 세기, 셈하기

쏙셈
교과서에 따른 수·연산·도형·측정까지 계산력 향상하기
[12책] 1~6학년 학기별

쏙셈+플러스
문장제 문제부터 창의·사고력 문제까지 수학 역량 키우기
[12책] 1~6학년 학기별

쏙셈 분수·소수
3~6학년 분수·소수의 개념과 연산 원리를 집중 훈련하기
[분수 2책, 소수 2책] 3~6학년 학년군별

하루한장 한자

그림 연상 한자로 교과서 어휘를 익히고 급수 시험까지 대비하기
[4책] 1~2학년 학기별

하루한장 한국사

큰별★쌤 최태성의 한국사
최태성 선생님의 재미있는 강의와 시각 자료로
역사의 흐름과 사건을 이해하기
[3책] 3~6학년 시대별

하루한장 ENGLISH BITE

ENGLISH BITE 알파벳 쓰기
알파벳을 보고 듣고 따라쓰며 읽기·쓰기 한 번에 끝내기
[1책]

ENGLISH BITE 파닉스
자음과 모음 결합 과정의 발음 규칙 학습으로
영어 단어 읽기 완성
[2책] 자음과 모음, 이중자음과 이중모음

ENGLISH BITE 사이트 워드
192개 사이트 워드 학습으로 리딩 자신감 키우기
[2책] 단계별

ENGLISH BITE 영문법
문법 개념 확인 영상과 함께 영문법 기초 실력 다지기
[Starter 2책 , Basic 2책] 3~6학년 단계별

ENGLISH BITE 영단어
초등 영어 교육과정의 학년별 필수 영단어를
다양한 활동으로 익히기
[4책] 3~6학년 단계별